63

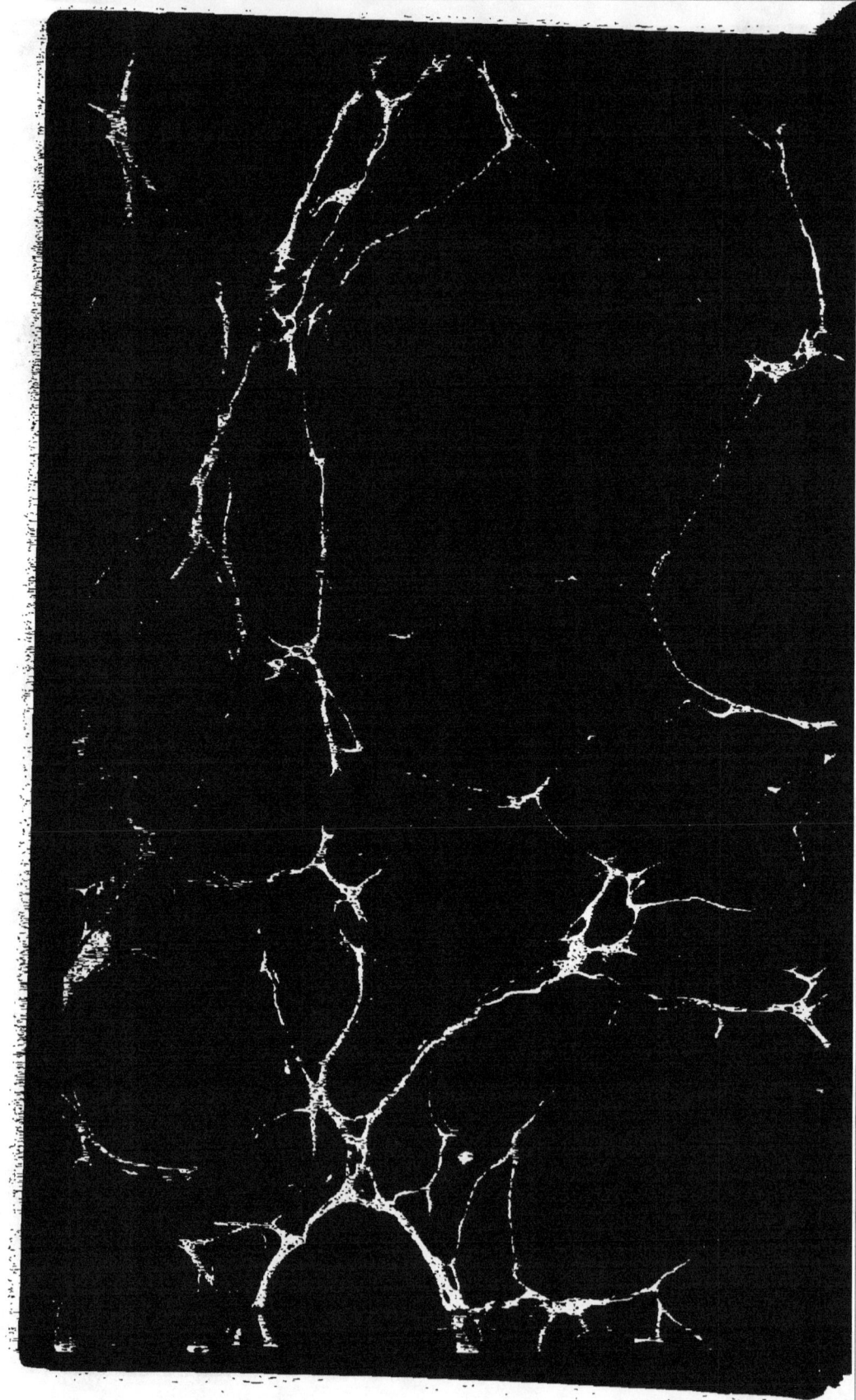

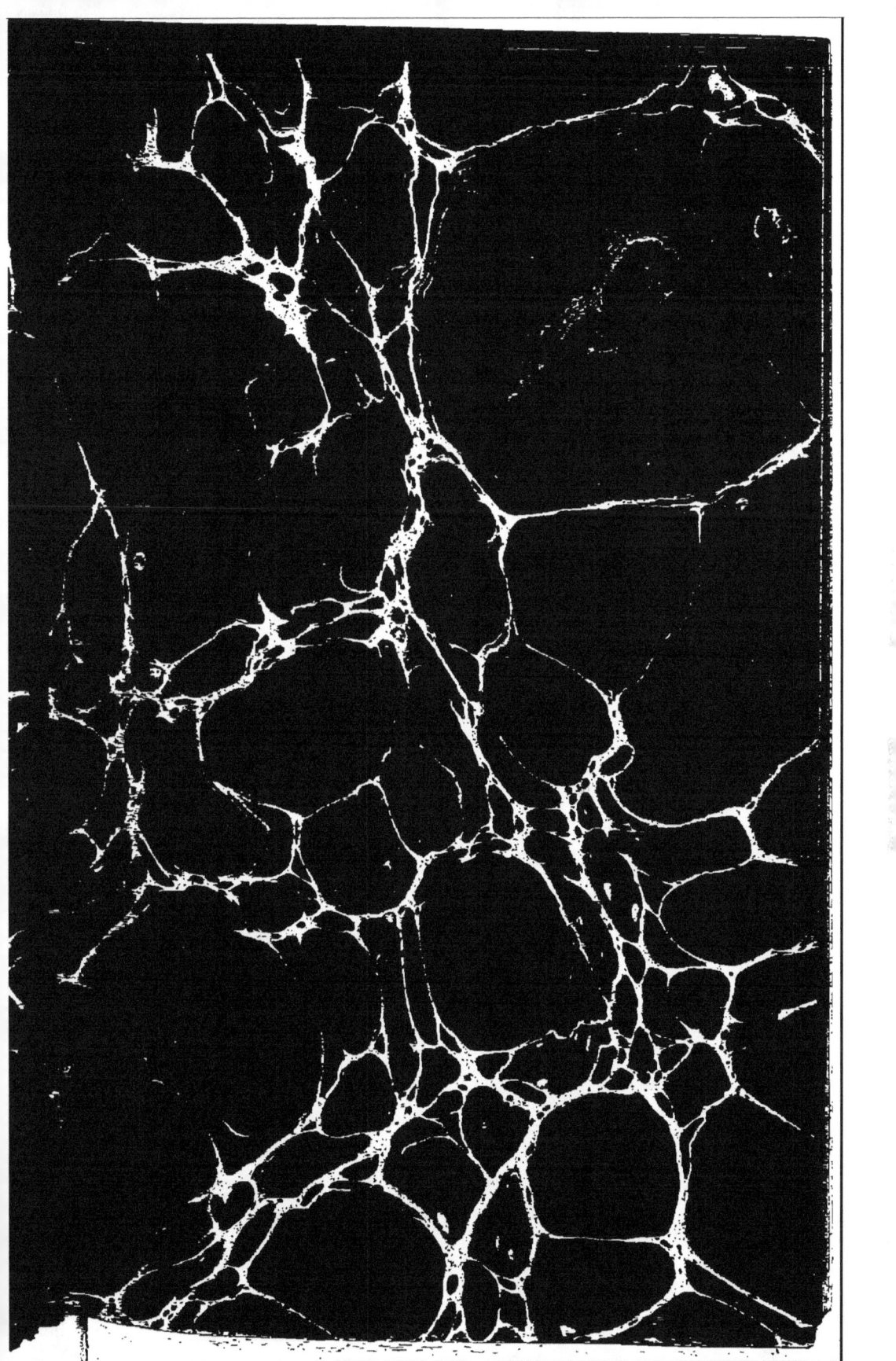

T T 63
b 36.

VADE-MECUM

DU

MAGNÉTISEUR

PAR

J. J. A. RICARD,

ANCIEN PROFESSEUR A L'ATHÉNÉE ROYAL DE PARIS,

Auteur de plusieurs Ouvrages Philosophiques.

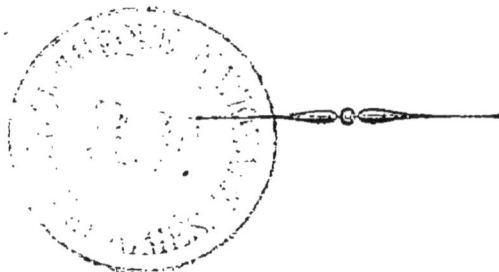

EN VENTE :

A l'Institut Magnétologique,
Ruc Judaïque, 20.

BORDEAUX
1848.

Berdeaux. — Imp. de E. Mons, rue Arnaud-Miqueu, 5.

UN MOT AU LECTEUR.

Tout le monde aujourd'hui parle du Magnétisme, chacun à sa façon. La plupart des beaux esprits, à quelque classe de la société qu'ils appartiennent, s'évertuent à façonner des nouvelles plus ou moins grotesques, soit en faveur, soit au contraire de cette science curieuse, si fertile en phénomènes surprenants.

Les uns, partisans enthousiastes de résultats dont ils n'ont point cherché à pénétrer les causes, exaltent tellement leurs récits, exagèrent si fort les conséquences, inappréciables pour eux, des faits dont ils ont été les témoins plus ou moins clairvoyants, qu'on serait tenté de croire qu'ils se sont échappés de Bicêtre, dans l'accès d'une affection incurable, tout exprès pour immoler la divinité même dont ils se disent les prêtres.

Les autres, détracteurs systématiques d'une doctrine que ne saurait concevoir leur cerveau atrophié, ou que ne saurait avouer leur mauvaise foi, dans la crainte que cela ne leur ôte un brin de la considération dont ils se croient environnés par un vulgaire idolâtre qui flatte leur vanité stupide, déclament avec rage contre la vérité qui menace leur crédit.

D'autres encore, contempteurs forcenés de toutes les innovations, de peur que l'or qu'ils convoitent incessamment ne passe en d'autres mains que les leurs, dont la cupidité est insatiable, inventent toutes sortes de mensonges, de calomnies, afin de renverser l'ennemi qui s'élève contre leur sordide avarice.

Cependant il se rencontre peu de gens consciencieux et instruits qui, n'écoutant que la voix de l'équité la plus impar-

(5)

tiale, viennent éclairer les masses sur l'objet le plus important peut-être pour l'humanité de tous ceux ressortant du domaine de la philosophie.

Il existe à la vérité un assez grand nombre d'ouvrages justement estimés, traitant du Magnétisme et de ses effets ; mais soit à cause du prix élevé auquel ils se vendent, soit à cause de la sévérité scientifique de leur style, ces livres ne sont étudiés que par un nombre fort restreint de personnes avides de sciences. Les masses, étrangères à la connaissance de ces ouvrages, ne peuvent apprécier la question que d'après les *on dit*, et la jugent, conséquemment, selon le bien ou le mal qu'*on* leur en a fait concevoir.

Dans un tel état de choses, comme il importe à la société tout entière de savoir à quoi s'en tenir à l'endroit d'une science tant et si long-temps controversée, j'ai pensé qu'il serait convenable, en même temps qu'utile et opportun, de publier un livre à bon marché, à la por-

tée de tout le monde, tant par le prix
que par la forme.

Je m'estimerai heureux si ce simple
petit travail porte à la connaissance de
toutes les classes la vérité pure et sincère
touchant le Magnétisme, le Somnambulisme, et les effets qui naissent de la magnétisation.

ESQUISSE

DE L'HISTOIRE DU

MAGNÉTISME HUMAIN,

DEPUIS MESMER JUSQU'A 1848.

———◆◆◆———

Nous devons la connaissance du Magnétisme humain à Antoine Mesmer, médecin
allemand, qui annonça ses idées sur les influences, dans la thèse qu'il soutint à Vienne
(Autriche), en 1766, pour obtenir le grade
de docteur en médecine.

Mesmer, après avoir étudié les phénomènes
de l'aimant et de l'électricité, pensa que le
fluide nerveux des animaux peut produire des
effets analogues à ceux que détermine le Magnétisme minéral, et d'autres effets dignes
de l'attention du philosophe.

Il vécut dans la retraite pendant douze années consécutives, pour se livrer spéciale-
ment aux travaux qu'il avait conçus dans le
but de fournir à l'humanité un nouveau moyen

de se préserver des maladies, de guérir les affections qui désolent la société, de développer chez l'homme des facultés supérieures.

Les recherches, les réflexions, les expériences du jeune docteur furent couronnées d'un succès tel, qu'il put hardiment annoncer aux savants une découverte admirable, tant sous le rapport du jour nouveau qu'elle jetait sur la philosophie, que sous celui des avantages immenses qu'elle présentait comme moyen thérapeutique.

Mesmer proposa donc aux savants de Vienne d'examiner sa doctrine, et de juger de la valeur des faits qu'ils pouvaient produire. Mais, au lieu de rencontrer les sympathies qu'il avait espéré trouver chez ses confrères et auxquelles il avait droit, il ne reçut d'eux que railleries et dédain.

Il opéra des cures surprenantes, constatées de la manière la plus authentique, chez des personnes que les célébrités médicales de l'université avaient déclaré incurables. Ces guérisons inespérées ne firent qu'envenimer la haine de ses ennemis, et il fut bientôt l'objet des persécutions les plus ignobles.

Cependant, Mesmer, plein de courage et de résolution, se rappela l'histoire des hommes de génie qui, tour-à-tour, ont illuminé les siècles passés, et tant d'exemples de la sottise humaine le consolèrent bientôt de ses chagrins. Eh quoi, disait-il, *Galilée* a expié sur la dalle d'un cachot le tort d'avoir voulu concilier la Bible avec Kopernik, il a été forcé de subir une condamnation infamante, et de renier apparemment ce qu'il savait être la vérité même, à ce point que ses lèvres laissèrent échapper ces mots : *è pur se muove*, au moment même où on lui imposait la loi si dure de déclarer que la terre ne tournait pas! *Christophe Colomb*, le malheureux spolié par *Améric-Vespuce*, fut traité d'imposteur quand il eut annoncé la découverte qu'il avait faite du nouveau monde! Cent autres esprits presque surhumains ont vidé le calice d'amertume que verse méchamment l'orgueil insensé à la raison vertueuse! Le Christ lui-même a vu ses actes divins méprisés des hommes, et son corps mutilé, à cause de la morale que sa bouche avait prêchée! Il n'est donc pas surprenant que l'on cherche à m'accabler sous le poids des calomnies les plus noires, des dénégations les plus mensongères!... Et il se détermina à lutter contre tous les obstacles que lui susciteraient ses perfides ennemis.

Après des luttes pénibles, Mesmer pensa
que son ingrate patrie était indigne du noble
présent qu'il lui avait vainement offert tant
de fois. Il résolut de quitter Vienne, et de
chercher, chez les peuples d'Europe, une
nation hospitalière au génie, à la vérité. Hé-
las ! il ne savait pas encore que les hommes
de toute l'Europe, de toute la terre peut-
être se ressemblent beaucoup ; que les passions haineuses se réveillent sur le simple
soupçon d'une vanité qui peut être blessée,
d'un intérêt qui peut être froissé, d'un préjugé qui peut être détruit !

Mesmer quitta donc l'Autriche et se dirigea
sur Paris, cette capitale du monde civilisé,
de la science, des lumières de toutes sortes.
Il y arriva vers la fin de 1777, précédé d'une
réputation d'homme extraordinaire ; mais taxé
de charlatanisme par les uns, et considéré
comme savant consciencieux par le plus petit
nombre. Il s'établit à l'hôtel Bouret, place
Vendôme, où il fut en quelque sorte forcé de
monter un traitement magnétique, auquel
accoururent en foule gens de cour, gens de
robe, bourgeois et artisans.

Les résultats surprenants qu'il obtint fixè-
rent bientôt l'attention des personnages les
plus éminents. La reine elle-même, Marie-

Antoinette, s'intéressa au succès de son com-
patriote, et lui écrivit pour lui offrir une pen-
sion de trente mille livres, et une terre considérable près de Paris, à la seule condition
qu'il formerait trois élèves capables d'opérer
par son moyen, et d'en propager la connaissance en France.

Tout autre que Mesmer eût probablement
accepté des offres si généreuses; quant à lui,
il ne jugea pas convenable de souscrire aux
conditions de la reine. Il répondit à cette
princesse, par une lettre aussi respectueuse
que rationnelle, qu'il n'avait pas l'intention
de se fixer en France; qu'en venant dans ce
pays, il n'avait eu en vue autre chose que de
voir sa découverte justement appréciée par les
corps savants; que, si ces derniers voulaient
examiner sa doctrine, suivre ses expériences,
et reconnaître hautement la vérité qu'il annonçait, il se soumettrait alors à tous les sa-
crifices qu'on exigerait de lui; mais que, dans
le cas où les savants français dédaigneraient
d'étudier son système, il irait porter ailleurs
le fruit de ses travaux.

Etait-ce là le langage d'un charlatan, d'un
homme avide, d'un fourbe?...

Mesmer possédait une fortune patrimoniale
qui, ainsi qu'il le disait souvent, ne faisait

pas dépendre ses résolutions de sa faim ou de
sa soif. Plutus l'avait comblé de ses dons ,
pour l'aider à lutter contre ses détracteurs.

Ce qui avait dicté à Mesmer sa réponse à
Marie-Antoinette, n'était certes ni vanité , ni
caprice, ni dédain. Mais il avait le cœur serré
de la façon peu délicate dont l'avaient accueilli
la société royale de médecine et la société
royale des sciences , à chacune desquelles il
avait adressé un mémoire sur le Magnétisme,
mémoire où il exposait sa doctrine en vingt-
sept propositions aussi admirables par leur
laconisme que par leur haute portée philoso-
phique , et lequel n'avait pas valu à son auteur
le mince honneur d'une réponse bienveil-
lante.

Mesmer resta encore quelque temps à Paris,
après sa correspondance avec la reine. Il avait
donné à Deslon , docteur régent, premier médecin du comte d'Artois, quelques notions sur
sa découverte; il venait de terminer quelques
cures des plus prodigieuses ; il partit pour Spa
avec l'intention de ne plus revoir la France.

A peine le novateur fut-il installé dans la
petite cité où la mode d'alors amenait chaque
année un grand concours d'étrangers avides
de plaisirs bien plus qu'amateurs des eaux salutaires qui servent de prétexte à la plupart

des oisifs , qu'il fut informé que le gouvernement français venait de prendre une décision
incroyable relativement à sa découverte. Le
roi Louis XVI venait de nommer une commission de savants chargée d'examiner la doctrine de Mesmer, les faits et expériences du
Magnétisme humain, et de fournir un rapport
concluant.

Chose étrange ! ce n'est pas Mesmer qui fut
chargé d'opérer en présence de la commission; mais Deslon, son disciple imparfait,
l'homme qui ne savait encore que l'a-b-c de la
doctrine, et qui en était à son noviciat quant
à la pratique du Magnétisme.

Un tel déni de justice de la part d'un gouvernement assez aveugle ou assez fourbe pour
agir ainsi, et de la part d'une commission assez peu sévèrement équitable pour accepter
un tel mandat, et encore de la part d'un médecin, d'ailleurs instruit et estimé, assez peu
délicat pour pousser la vanité au point de se
poser au lieu et place de son maître, un tel
déni de justice de la part de tous ces hommes
envers le savant étranger fut, à ce qu'affirme
Mesmer, la cause de ses plus profonds chagrins.

La commission du gouvernement était composée, il est vrai, d'hommes dont les noms

1*

présentaient une garantie scientifique aussi grande qu'on le pouvait désirer en France, mais, encore un coup, ces hommes, quelque dignes d'estime qu'ils fussent, avaient eu le tort grave d'oublier que Mesmer *seul* était capable de présenter convenablement sa doctrine, et surtout d'en démontrer la réalité par des faits qu'il n'était pas donné à son élève au berceau de produire d'une manière saisissante.

Voici les noms illustres des commissaires du roi : Franklin, Lavoisier, Darcet, Bailly et Jussieu. Les quatre premiers suivirent avec peu de soins les expériences trop faibles de Deslon ; l'impatience les gagna, et ils firent au roi un rapport peu favorable au Magnétisme. Jussieu, lui, qu'un plus grand désir de pénétrer la vérité avait rendu plus attentif, plus patient que ses confrères, avait rencontré quelques faits entre mille, dont le caractère particulier lui avait suffisamment prouvé que les prétentions de Mesmer étaient fondées solidement. Il se sépara des autres commissaires, et fit seul un rapport contradictoire dont les conclusions étaient tout en faveur du Magnétisme.

Cette contradiction dans la commission dénote assez l'inquiétude dont les esprits se trouvaient alors occultement affectés. On était en 1784; de grands événements politiques se préparaient sourdement; la plupart des commissaires avaient sans doute le noir pressentiment d'une révolution effrénée et régicide, qui, au milieu des choses grandes et sublimes, viendrait au nom de la raison, de la liberté, de l'égalité, se gorger du sang de ses amis aussi bien que de celui de ses adversaires, et ravir l'existence à ses propres auteurs, à ses défenseurs les plus dévoués. Bailly, le savant Bailly, chargé de rédiger le rapport sur le Magnétisme, pressentait peut-être, en écrivant cet acte, la fin tragique qui l'attendait.

Cependant les amis que Mesmer avait laissés en France s'agitaient de toutes parts pour soutenir le Magnétisme, tandis que les esprits sceptiques ou railleurs n'épargnaient au novateur et à ses partisans aucune injure, aucune moquerie, aucun persifflage. Bientôt les disputes devinrent si fréquentes entre les deux camps opposés, que toutes les librairies de Paris eurent à débiter des centaines de brochures diverses, pour, contre, ou sur la science annoncée par le médecin allemand. Au milieu de ce déluge d'écrits, quelques hommes sages et prudents, comme chaque

siècle en fournit un trop petit nombre, ré-
solurent de faire une démarche au près de
Mesmer, afin de l'engager à revenir à Paris, à y faire un cours de Magnétisme, et
à y reprendre ses traitements. Ce fut le ban-
quier Kornmann, d'accord avec le célèbre
avocat Bergasse, avec Despréménil, le marquis de Puységur, le prince de Soubise et
beaucoup d'autres personnages de distinction, qui se chargea d'écrire à Mesmer les
propositions suivantes :

Revenez à Paris, disait Kornmann, au milieu de véritables amis ; ne vous occupez plus
des menées de vos antagonistes, le temps et
les circonstances feront justice de toutes les
misérables tracasseries que vous suscite l'esprit de mensonge dont on s'est armé pour vous
combattre. Revenez, je vous offre, au nom
d'une société d'élite, des promesses de laquelle je me porte garant : cent élèves au
moins, à raison de cent louis chacun ; m'obli-
geant personnellement à vous compléter la
somme de deux cent quarante mille francs,
si le montant de la souscription que prépa-
rent, en faveur de la propagation de votre
doctrine, les amis du progrès et de l'humanité, ne s'élevait pas à ce chiffre. Vous nous
ferez votre cours de Magnétisme comme vous

l'entendrez, nous avons foi en votre loyauté et en vos lumières.

Ce témoignage de sympathie toucha vivement Mesmer, qui souscrivit immédiatement à ces propositions. Un cours fut donc ouvert à Paris. Il y eut cent quarante souscripteurs au lieu de cent, et ce nombre, déjà considérable, se trouva encore augmenté de plusieurs médecins des provinces, de qui Mesmer ne voulut recevoir aucune rétribution, vu leur peu de fortune. Il fit même à quelques-uns d'entr'eux, avec une délicatesse admirable, présent de leurs frais de voyage et de séjour à Paris.

Le cours de Magnétisme terminé, une foule de personnages se mirent à pratiquer la science nouvelle avec un zèle infatigable; on remarqua M. le marquis de Puységur, dont la bonté inépuisable appliquait incessamment le moyen dont il venait d'être instruit à tous les malades qui réclamaient ses soins. M. de Puységur établit dans sa terre de Busancy, près de Soissons, un traitement magnétique, auquel il y eut bientôt affluence.

Un jour que le marquis venait d'endormir un de ses jardiniers, atteint d'une maladie de poitrine, il ne fut pas peu surpris de voir celui-ci entrer dans un état singulier semblable

au somnambulisme. Ce malade, interrogé par
son maître, répondit à toutes les questions
avec une lucidité si surprenante, que le magnétiseur pouvait à peine en croire le témoignage de ses sens. A dater de ce jour, M. de
Puységur, qui pensait avoir fait, à son tour,
une découverte ignorée de Mesmer, ne songea
plus qu'à faire naître le somnambulisme chez
ses nombreux malades. Il écrivit à Mesmer,
qui se trouvait alors à Lyon, pour lui faire
part de l'objet de sa vive satisfaction. Mesmer
lui répondit une lettre fort instructive, dans
laquelle il lui disait que lui, Mesmer, n'a-
vait pas cru devoir donner à ses disciples
connaissance de l'état extraordinaire que détermine le Magnétisme chez certains individus, de peur qu'ils ne négligeassent les
applications directes du Magnétisme, pour
leur préférer les indications des somnambules, dont il ne faut user qu'avec réserve et
circonspection. Il ajoutait qu'il prévoyait bien
que ceux de ses élèves dont les efforts seraient
consciencieux pour la pratique, ne tarderaient
pas à déterminer cet état de somnambulisme ;
mais qu'il avait préféré laisser aller les choses
ainsi, plutôt que de leur avoir montré des
phénomènes dont l'étrangeté sublime leur eût
peut-être paru toucher au charlatanisme.

Néanmoins, M. de Puységur rencontra des somnambules si clairvoyants, qu'il ne put résister au désir de faire connaître à ses amis le développement extrême qu'il avait provoqué des facultés de ses sujets.

On nia généralement d'abord le somnambulisme magnétique, comme on avait nié le Magnétisme lui-même. Toutefois, il se rencontra des savants équitables qui, après avoir été témoins d'expériences saisissantes, proclamèrent hautement la vérité.

Le charme nouveau que donnait le somnambulisme à l'étude du Magnétisme, valut à la doctrine de Mesmer un grand nombre de prosélytes. Des sociétés de magnétiseurs s'organisèrent de toutes parts, sous le nom de Sociétés harmoniques. Paris, Strasbourg, Bordeaux, Lyon, Bayonne, Nantes et beaucoup d'autres villes, furent témoins des succès de ces sociétés bienfaisantes, dont les membres travaillaient à l'envi au soulagement des malades et opéraient des cures merveilleuses.

Le Magnétisme, malgré ses détracteurs, était en pleine voie de progrès, lorsque la révolution éclata. Alors, il disparut, en quelque sorte, dans la tourmente des événements. Les magnétiseurs étant, pour la plupart, grands seigneurs, nobles, prêtres ou magistrats, ce ne fut que sous l'empire de Napoléon que la doctrine de Mesmer osa reparaître en France d'une manière ostensible.

M. le marquis de Puységur remonta ses traitements charitables, travailla à la réorganisation des sociétés harmoniques et publia ses observations. Le savant et modeste Deleuze, professeur d'histoire naturelle au Jardin des Plantes, s'adonna à la pratique du Magnétisme. Des médecins, des naturalistes, des physiciens, s'occupèrent activement de la découverte de Mesmer. Des jeunes gens, même, étudiants laborieux dans nos facultés, voulurent être initiés aux merveilles de la doctrine contre laquelle s'élevait encore tant d'incrédulité.

En 1820, un jeune élève en médecine, M. Jules Dupotet, proposa à ses professeurs de magnétiser sous leurs yeux. Sa proposition ayant été acceptée, il prouva, dans l'Hôtel-Dieu de Paris, que le moyen annoncé par Mesmer, loin d'être une chimère, est d'un effet thérapeutique incontestable. Il opéra des cures inespérées sur des malades réputés incurables par la médecine classique.

En 1825, un jeune docteur, M. Foissac, songea à provoquer la nomination d'une commission académique, pour examiner de nouveau et le Magnétisme et le Somnambulisme Magnétique. Après de longs et fastidieux débats au sein de l'académie de médecine, sur la question d'opportunité, cette société nomma, en 1826, une commission d'examen composée de MM. Bourdois de Lamothe, président; Fouquier, Guéneau de Mussy, Guersent, Itard, J. J. Leroux, Marc, Thillaye, et Husson, rapporteur.

M. Foissac s'adjoignit quelques magnétiseurs, et des expériences nombreuses furent faites et répétées pendant cinq années consécutives en présence des commissaires.

Cette fois, la commission prenait son temps pour que rien ne lui échappât de la vérité. Les précautions de défiance dont elle s'entoura avec une prudence et une sagesse dignes d'éloges, ne lui firent pas répudier les conditions nécessaires à la production des phénomènes anomaux du Magnétisme. Elle ne négligea aucun moyen pour juger sûrement de la valeur des faits, pour en apprécier les causes déterminantes et les résultats conséquents.

Voici, en résumé, les conclusions du rapport fait à l'académie royale de médecine, par M. Husson, au nom de la commission :

« Le Magnétisme a agi sur des personnes
» de sexe et d'âge différents.

» Le Magnétisme n'agit pas, en général,
» sur les personnes bien portantes.

» Les effets réels produits par le Magné-
» tisme sont très-variés.

» On peut conclure avec certitude que l'é-
» tat de somnambulisme existe, quand il
» donne lieu au développement des facultés
» nouvelles qui ont été désignées sous les
» noms de *clairvoyance*, *d'intuition*, *de*
» *prévision intérieure*, ou qu'il produit de
» grands changements dans l'état physiologi-
» que, comme *l'insensibilité*, *un accroisse-*
» *ment subit et considérable de forces*, et
» quand cet état ne peut être rapporté à une
» autre cause.

» Le sommeil provoqué avec plus ou moins
» de promptitude et établi à un degré plus
» ou moins profond, est un effet *réel*, mais
» non constant du Magnétisme.

» Il nous est démontré qu'il a été provoqué
» dans des circonstances où les magnétisés
» n'ont pu voir et ont ignoré les moyens em-
» ployés pour le déterminer.

» Il s'opère ordinairement des changements
» plus ou moins remarquables dans les per-
» ceptions et les facultés des individus qui

» tombent en somnambulisme par l'effet du
» Magnétisme.

» Quelques-uns, au milieu du bruit de con-
» versations confuses, n'entendent que la
» voix de leur magnétiseur ; plusieurs répon-
» dent d'une manière précise aux questions
» que celui-ci ou que les personnes avec les-
» quelles on les a mis en rapport leur adres-
» sent ; d'autres entretiennent des conversa-
» tions avec toutes les personnes qui les en-
» tourent ; toutefois, il est rare qu'ils enten-
» dent ce qui se passe autour d'eux. La plu-
» part du temps, ils sont complétement étran-
» gers au bruit extérieur et inopiné fait à leur
» oreille, tel que le retentissement de vases
» de cuivre vivement frappés près d'eux, la
» chute d'un meuble, etc.

» Les yeux sont fermés, les paupières cè-
» dent difficilement aux efforts qu'on fait
» avec la main pour les ouvrir. Cette opéra-
» tion, qui n'est pas sans douleur, laisse
» voir le globe de l'œil convulsé, et porté
» vers le haut et quelquefois vers le bas de
» l'orbite.

» Quelquefois l'odorat est comme anéanti.
» On peut leur faire respirer l'acide muriati-
» que et l'ammoniaque, sans qu'ils soient
» incommodés, sans même qu'ils s'en dou-

» tent ; le contraire a lieu dans certains cas, et
» ils sont sensibles aux odeurs.

» La plupart des somnambules que nous
» avons vus étaient complétement insensi-
» bles ; on a pu leur chatouiller les pieds,
» les narines et l'angle des yeux par l'appro-
» che d'une plume, leur pincer la peau de
» manière à l'ecchymoser, la piquer sous l'on-
» gle avec des épingles enfoncées à l'impro-
» viste à une assez grande profondeur, sans
» qu'ils aient témoigné de la douleur, sans
» qu'ils s'en soient aperçus. Enfin, on en a vu
» une qui a été insensible à une des opéra-
» tions les plus douloureuses de la chirur-
» gie (1), et dont ni la figure, ni le pouls, ni
» même la respiration, n'ont dénoté la plus
» légère émotion.

» Nous avons constamment vu le sommeil
» ordinaire, qui est le repos des organes des
» sens, des facultés intellectuelles et des
» mouvements volontaires, précéder et ter-
» miner l'état de somnambulisme.

» Nous avons vu des somnambules distin-

---

(1) Madame Plantin, magnétisée par M. le docteur Cha-
pelain, et opérée par M. Jules Cloquet d'un cancer ulcéré
qu'elle portait au sein droit depuis plusieurs années.

» guer, les yeux fermés, les objets que l'on
» a placés devant eux ; ils ont désigné, sans
» les toucher, la couleur et la valeur des car-
» tes ; ils ont lu des mots tracés à la main, ou
» quelques lignes d'un livre que l'on a ou-
» vert au hasard. Ce phénomène a eu lieu
» alors même qu'avec les doigts on fermait
» exactement l'ouverture des paupières.

» Nous avons rencontré chez des somnam-
» bules la faculté de prévoir des actes de
» l'organisme plus ou moins éloignés, plus
» ou moins compliqués.

» L'un d'eux a annoncé plusieurs jours,
» plusieurs mois d'avance, le jour, l'heure
» et la minute de l'invasion et du retour d'ac-
» cès épileptiques ; l'autre a indiqué l'époque
» de sa guérison. Leurs prévisons se sont
» réalisées avec une ponctualité remarqua-
» ble.

» Nous n'avons rencontré qu'une seule
» somnambule qui ait indiqué les symptômes
» de la maladie de trois personnes avec les-
» quelles on l'avait mise en rapport.

» Considéré comme agent de phénomènes
» physiologiques ou comme moyen thérapeu-
» tique, le Magnétisme devrait trouver sa
» place dans le cadre des connaissances mé-
» dicales.

» La commission n'a pu vérifier, parce
» qu'elle n'en a pas eu l'occasion, d'autres fa-
» cultés que les magnétiseurs avaient an-
» noncé exister chez les somnambules ; mais
» elle a recueilli et elle communique des faits
» assez importants pour qu'elle pense que
» *l'Académie devrait encourager les re-*
» *cherches sur le Magnétisme comme une*
» *branche très-curieuse de psychologie et*
» *d'histoire naturelle.*

» Arrivée au terme de ses travaux, avant
» de clore ce rapport, la commission s'est
» demandé si, dans les précautions qu'elle
» a multipliées autour d'elle pour éviter toute
» surprise, si dans le sentiment de constante
» défiance avec lequel elle a toujours pro-
» cédé ; si, dans l'examen des phénomènes
» qu'elle a observés, elle a rempli scrupuleu-
» sement son mandat. Quelle autre marche,
» nous sommes-nous dit, aurions-nous pu
» suivre ? Quels moyens plus certains au-
» rions-nous pu prendre ? De quelle défiance
» plus marquée et plus discrète aurions-
» nous pu nous pénétrer ? Notre conscience,
» Messieurs, nous a répondu hautement
» que vous ne pouviez rien attendre de nous
» que nous n'ayons fait. Ensuite, avons-
» nous été des observateurs probes, exacts,

» fidèles ? C'est à vous, qui nous connaissez
» depuis longues années ; c'est à vous, qui
» nous voyez constamment près de vous, soit
» dans le monde, soit dans nos fréquentes as-
» blées, de répondre à cette question.

» Demeurez bien convaincus que ni l'a-
» mour du merveilleux, ni le désir de la cé-
» lébrité, ni un intérêt quelconque, ne nous
» ont guidés dans nos travaux. Nous étions
» animés par des motifs plus élevés, plus di-
» gnes de vous, par l'amour de la science, et
» par le besoin de justifier les espérances que
» l'académie avait conçues de notre zèle et
» de notre dévoûment.

» Ont signé : *Bourdois de Lamothe*, pré-
» sident ; *Fouquier, Guéneau de Mussy,*
» *Guersent, Itard, J. J. Leroux, Marc,*
» *Thillaye, Husson*, rapporteur. »

L'académie, qui, malgré les manifestations
inconvenantes d'une hostilité non motivée de
quelques membres contraires au Magnétisme,
avait écouté attentivement la lecture du savant et judicieux rapport de ses commissaires, resta tout ébahie au récit de faits si surprenants !

La victoire éclatante remportée par la vérité sur le scepticisme eût dû certes accrédi-
ter le Magnétisme à tout jamais ; des chaires

eussent dû être instituées dans nos facultés en faveur de la plus importante des découvertes modernes ; mais trop d'intérêts auraient été froissés. L'académie ensevelit dans ses cartons le rapport qui proclamait la lumière, et s'abîma dans une léthargie profonde !

Le public, ignorant les travaux de la commission, et habitué à suivre l'opinion qu'il croit être celle des élus de la fortune, continua à croire que les savants dédaignaient incessamment le Magnétisme, et, par conséquent, il ne songea pas même à s'occuper de cette science.

Cependant, les magnétiseurs, loin de s'endormir sur leurs lauriers, continuaient leurs expériences et publiaient leurs travaux ; mais que pouvaient quelques praticiens isolés, ne produisant des faits que dans quelques cercles restreints, et ayant à lutter contre la mauvaise foi, la cupidité, le fanatisme même ?....

En 1837, le Magnétisme semblait être oublié de nouveau à Paris, quand, sur la provocation inutile d'un jeune médecin, M. Berna, l'académie de médecine nomma une nouvelle commission pour examiner de nouveau le Magnétisme ou plutôt le Somnambulisme, car M. Berna avait fourni un programme des expériences qu'il se proposait de faire sur des somnambules, et n'annonçait pas devoir magnétiser d'autres individus.

Cette nouvelle commission fut composée des hommes les plus hostiles au Magnétisme, à un ou deux membres près, que l'on pouvait justement taxer d'indifférence. MM. Roux, Bouillaud, Hypolite Cloquet, Emery, Pelletier, Caventou, Cornac, Oudet et Dubois (d'Amiens), étaient commissaires. Or, MM. Roux et Bouillaud s'étaient bien des fois élevés contre les partisans du Magnétisme, en prétendant qu'ils n'étaient que des rêveurs, s'occupant de *bêtises !* M. Hypolite Cloquet, contrairement à l'opinion de son frère M. Jules Cloquet, témoignait tout haut de son scepticisme; MM. Emery, Pelletier et Caventou étaient plus contraires que favorables; M. Cornac s'était montré plus d'une fois l'ennemi juré de la doctrine de Mesmer; M. Oudet était persuadé de la réalité du Magnétisme, car il avait opéré une dame, qui, grâce à l'agent magnétogène, ne s'était pas même aperçue de l'opération; mais il y avait chez lui une indifférence apathique qui ne pouvait pas faire espérer qu'il chercherait à combattre les assertions de ses confrères, quelles qu'elles fussent; enfin, M. Dubois (d'Amiens), le rapporteur, avait écrit et publié des attaques, aussi déloyales que venimeuses contre le Magnétisme et les magnétiseurs.

M. Berna, dans son zèle honorable, était d'une franchise trop confiante, d'une naïveté trop loyale, sinon trop candide, pour récuser de tels juges. Il eut l'imprudence de se livrer aux commissaires, et d'essayer devant eux à remplir le programme qu'il avait fourni. Contrarié, dès les premières épreuves, par ses examinateurs, il échoua dans beaucoup de tentatives. Néanmoins, des expériences réussirent, qui auraient prouvé irréfragablement, à tout aréopage de bonne foi, la réalité du Somnambulisme magnétique, et d'un développement extrême, dans cette crise, des facultés de l'état de veille.

Le 7 Août 1837, M. Dubois (d'Amiens) eut le doux plaisir de lire à l'académie un prétendu rapport dont chaque paragraphe porte le sceau du raisonnement le plus absurde, de l'ironie la plus inconvenante, de la mauvaise foi la plus insigne, et dont les conclusions mensongères sont en tout contraires et à M. Berna et au Magnétisme.

M. Berna protesta par la lettre suivante :

« Monsieur le Président,

» Je proteste devant l'académie contre le

» rapport qu'elle a entendu tout récemment
» sur le Magnétisme animal. Je reproche à ce
» rapport de défigurer les faits qu'il men-
» tionne; de taire les plus importants; de
» dissimuler la conduite de la commission,
» de représenter celle-ci comme imaginant,
» et m oi comme repoussant des mesures dont
» j'avais fait au contraire, et le premier, mes
» conditions essentielles; j'accuse enfin ce
» rapport d'être un tissu d'artifices et d'insi-
» nuations qui ont pour conclusion implicite
» que j'ai voulu tromper l'académie.

» Je déclare que les expériences dont la
» commission a été témoin ne sont que le
» commencement de celles que je me propo-
» sais de faire sous ses yeux; je déclare, sur
» l'honneur, que je n'ai renoncé à lui en mon-
» trer d'avantage, que parce qu'elle a cons-
» tamment violé l'engagement qu'elle avait
» pris de se conformer à mon programme, et
» principalement à la condition bien débat-
» tue, il est vrai, mais aussi bien formel-
» lement acceptée, de rédiger, lire et recti-
» fier les procès-verbaux séance tenante.

» La nécessité où je me trouve de faire à
» l'instant même cette protestation ne me per-
» met pas de plus longs développements;
» mais j'adresserai bientôt à l'académie une

» réfutation complète qui sera appuyée sur des
» pièces irrécusables, sur les termes mêmes
» du rapport, sur certains aveux qu'il ren-
» ferme, sur la nature de la conviction que
» ses commissaires ont apporté à leur mis-
» sion, et sur l'impuissance de tant d'adresse,
» d'aussi nombreuses infidélités, à édifier au-
» tre chose qu'un soupçon fugitif.

» J'ai, etc.

» Signé BERNA,

» Docteur-médecin de la faculté de Paris. »

L'indignation que souleva dans les cœurs honnêtes l'étrange conduite de M. Dubois (d'Amiens) porta le respectable M. Husson à prendre la défense de M. Berna, et à démolir, pièce à pièce, le grotesque édifice de son bilieux collègue.

C'est au milieu des discussions, on pourrait dire des disputes, suscitées par les manœuvres de M. Dubois (d'Amiens), qu'un autre membre de l'académie, M. Burdin jeune, proposa un prix de trois mille francs pour la personne qui pourrait lire sans le secours des yeux et sans lumière, limitant à deux années le temps des épreuves.

A l'occasion de ce défi, plusieurs magnétiseurs écrivirent à l'académie pour proposer

des expériences de nature à prouver la réalité de la vision malgré l'occlusion des yeux,
Moi-même, qui avais alors à ma disposition
quelques somnambules très-lucides, j'écrivis
que si le somnambule magnétique pouvait désigner des objets séparés de ses yeux par l'in-
terposition d'un corps opaque, soit renfermés
dans une boîte d'épais carton, et placés de
manière à ne pouvoir donner aucune indica-
tion au sujet, le but de M. Burdin devrait,
selon moi, se trouver rempli; la preuve de la
réalité de ce phénomène devrait lui être ac-
quise.

M. Pariset, secrétaire perpétuel, me répondit, au nom de l'académie, que les expériences que j'offrais de faire n'étant pas con-
formes aux conditions du programme de M.
Burdin, je ne pouvais être admis à concourir.

M. le docteur Pigeaire, de Montpellier,
possédait une somnambule (sa propre fille,
Mlle Léonide Pigeaire, alors âgée de onze ans),
lisant malgré l'occlusion des yeux, pourvu
que l'écrit à être lu fût éclairé: Il avait convaincu de la réalité des facultés de sa fille plusieurs professeurs de la faculté de Montpellier, notamment M. Lordat, le doyen, qui
n'avait pas hésité à certifier par écrit ce dont
il avait été témoin.

M. Pigeaire adressa à l'académie un mémoire sur le Magnétisme et sur les faits de Somnambulisme que présentait sa fille. Ce mémoire fut lu à la savante société par M. Bousquet, l'un de ses secrétaires, qui y joignit le certificat de M. Lordat.

M. Pigeaire demandait que le programme de M. Burdin fût modifié, relativement aux conditions dans lesquelles le phénomène de vision somnambulique se manifestait chez sa fille.

Dans la séance du 20 Mars 1838, M. Burdin annonça à l'académie qu'il consentait à modifier son programme. Ainsi, au lieu d'exiger du sujet qu'il lût *sans le secours des yeux, de la lumière ou du toucher,* il fut accordé *que les objets seraient éclairés,* et que le somnambule pourrait *promener ses doigts sur une feuille de verre posée sur les mots à être lus.*

Le mode d'occlusion des yeux avait été déterminé par M. Pigeaire. Un bandeau, composé de trois épaisseurs de velours noir, devait être appliqué sur les yeux, et collé exactement à la peau, de manière à ne point permettre aux rayons lumineux d'arriver à l'organe anatomique de la vue.

Il fut arrêté que M. Pigeaire pourrait expérimenter en présence de la commission nommée à l'occasion de la proposition Burdin.

En conséquence, M. le docteur Pigeaire se rendit à Paris avec sa famille; et afin de s'assurer de nouveau de la lucidité de sa fille (qu'un voyage long et pénible cût pu déranger), il fit chez lui quelques expériences préparatoires. Plusieurs savants et un assez grand nombre de personnages de distinction eurent la faveur d'assister à ces séances, dans lesquelles Mlle. Pigeaire lisait admirablement dans le premier ouvrage venu, ayant la vue recouverte d'un bandeau de velours noir, collé à la peau par son bord inférieur, de manière que la lumière ne pouvait aucunement arriver aux yeux. La plupart des personnes qui ont vu le fait l'ont certifié par écrit. MM. Orfila, Bousquet, Ribes, Reveillé-Parise et plusieurs autres médecins distingués ont signé les procès-verbaux qui attestent le fait de la lecture malgré l'occlusion des yeux et sans le secours du toucher.

Au moment où M. Pigeaire se disposait à présenter sa somnambule à la commission académique, les renards trouvèrent le moyen de l'embarrasser tellement, qu'il dut renoncer à faire des expériences devant eux. Le bandeau de M. Pigeaire, qu'ils n'avaient jamais vu appliquer, n'était pas, dirent-ils, suffisant pour empêcher d'y voir; donc, M. Pigeaire ne devait pas s'en servir, mais il devait consentir à encaisser la tête de son enfant dans une sorte de masque confectionné exprès par MM. les commissaires.

Ceux qui ont quelque connaissance du Magnétisme et de ses effets doivent comprendre toute la portée de cette conduite. Aussi, M. Pigeaire se retira-t-il sans vouloir même essayer l'application de l'appareil qui lui était offert.

Il est à remarquer qu'aucun des commissaires n'a jamais vu Mlle Pigeaire. Eh bien! le croira-t-on? MM. nos adversaires trouvèrent le moyen de faire annoncer, par les feuilles publiques, la non réussite en leur présence des expériences de Mlle Pigeaire, ce qui impliquait nécessairement la tentative de ces expériences. Qu'on juge à présent de la loyauté de ces hommes si éminents, dont la morgue en impose si puissamment au vulgaire imbécile.

M. le docteur Pigeaire, rendu à sa tranquillité, a publié un livre dans lequel il donne exactement tous les détails qui se rattachent à son histoire.

M. le docteur Frapart, de son côté, a

lancé dans le monde des lettres fort spirituel-
lement écrites, dans lesquelles il traite grands
et petits selon leurs mérites.

Le Magnétisme sembla s'éteindre encore
une fois sous le mauvais vouloir de ses adversaires.

Cependant, je m'efforçais incessamment
de propager la science dont je m'étais fait
apôtre.

J'eus la hardiesse d'ouvrir au centre de
Paris des cours publics de Magnétologie, et
je fus assez heureux pour attirer à mes expériences quotidiennes les personnages les plus
distingués. Mon but était de forcer, par l'opinion générale, l'incrédulité à s'avouer vaincue,
et de réduire la mauvaise foi à la dernière
extrémité. J'étais déjà directeur du *Journal
du Magnétisme*, à la rédaction duquel je
coopérais; je résolus de publier, en outre, les
ouvrages que j'avais composés et ceux dont
j'avais conçu le plan.

Au mois d'Avril 1840, j'eus l'honneur d'être
nommé Professeur titulaire de Magnétologie
à l'Athénée royal de Paris, où je me trouvais
avoir pour collègues MM. Babinet, de l'Ins-
titut, Tavernier, Raspail, etc.

Là, le Magnétisme eut un succès tel, que
la vaste salle des cours de l'Athénée était tou-

jours trop étroite pour contenir la foule qui
assiégeait les portes à l'heure de mes séances.
Les expériences que je faisais incessamment,
rejetaient sur mes détracteurs tout le ridicule
dont ils cherchaient à m'accabler dans le
monde. Peu ambitieux, peu confiant en la
loyauté des académies, je n'ai jamais voulu
opérer devant les corps savants, persuadé
que la mauvaise foi serait opposée à ma franchise.

Néanmoins, un jour que feu mon pauvre ami, le docteur Frapart, avait porté un
défi à l'un des professeurs de la faculté de
médecine, M. Gerdy, je me laissai entraîner,
et promis à M. Frapart qu'il pouvait compter
sur moi pour opérer avec Calixte, en présence de M. Gerdy et des siens. Toutefois,
j'exigeai que les conditions de la séance seraient réglées d'avance et par écrit. Je rédi-
geai alors mon programme d'une façon si
explicite, qu'aucun de ses points ne pouvait
donner lieu au doute, à l'interprétation erro-
née. Ce programme, présenté par M. Frapart à M. Gerdy, fut *approuvé* par ce dernier.

Au jour convenu, M. Frapart, mon somnambule et moi, nous rendîmes chez M.
Gerdy, lieu du rendez-vous. Le salon du professeur était plein d'académiciens, de jour-

nalistes, de savants. Après les salutations
d'usage, je demandai à M. Gerdy s'il avait
donné communication du programme aux personnes composant sa société; sur sa réponse
affirmative, je dis que j'allais magnétiser
Calixte, et que l'on pourrait tenir note de la
séance, dont je ne voulais pourtant pas que
le caractère fût officiel.

Mon opération fut prompte : en moins d'une
minute, Calixte, magnétisé, annonça qu'il
était en somnambulisme. Alors je dis à M.
Gerdy qu'il pouvait procéder à l'occlusion des
yeux. Des tampons de coton cardé furent d'a-
bord placés de manière à remplir outre-me-
sure les cavités orbitaires ; un épais mouchoir
plié en bandeau comprima les tampons qui
formèrent aussitôt un fort bourrelet tout le
long du bord inférieur du bandeau, sur les
ailes du nez, dans le sillon, au-dessous des
pommettes.

Le programme portait qu'une fois le bandeau appliqué, personne ne toucherait plus
le somnambule. Les expériences de vision
devaient être faites de diverses façons, de
manière à prouver que le sujet n'avait besoin
ni de *compère*, ni de ses yeux corporels pour
désigner les objets, jouer aux cartes, lire,
marcher à travers des obstacles, etc.

Eh bien! qu'arriva-t-il? M. Alphonse
Donné avait à peine déclaré que le bandeau
était bien appliqué, qu'un membre de l'as-
semblée vient prendre la tête du somnambule, et bourre, à force, le coton sous le
bandeau, en refoulant les paupières supérieures. Le somnambule se plaint, s'irrite; je
parviens à le calmer; une partie de cartes commence. Le somnambule annonce qu'on vient
de tourner le roi de pique, ce qui est vrai.
Alors, grande rumeur parmi les assistants;
plusieurs de ces messieurs s'élancent vers le
magnétisé, on le touche, on le tourne, on le
presse, malgré mon opposition véhémente. Le
sujet arrache son bandeau, me dit de l'éveiller, je le rends à l'état ordinaire, et il part.

On semble étonné de la brusquerie de
Calixte; et sur quarante médecins des plus
renommés de Paris, il ne s'en trouve pas un
seul qui ait l'air de comprendre l'état de sur-
excitation cérébrale où il m'a fallu amener
Calixte pour déterminer sa clairvoyance.

Je fais observer que l'on a enfreint les lois
du programme. On a oublié que ce programme devait être pris au sérieux.

Mon intention étant de seconder en tout
point les vues de mon ami M. Frapart, je fais
à haute voix la proposition suivante :

Messieurs, dis-je, ouvrez-moi vos cliniques, choisissez quarante malades parmi *vos incurables*; sur ces quarante, j'en choisirai dix, que je magnétiserai, en présence de deux ou trois d'entre vous, pendant un mois; eh bien! si, dans ce laps de temps, je n'ai pas guéri au moins deux de ces malades; si, en outre, je n'ai pas produit sur l'un d'eux le somnambulisme lucide; en un mot, si je n'ai pas fourni la preuve de la réalité des phénomènes que je vous ai annoncé pouvoir produire sur Calixte, je consens à signer que je suis un fou, un charlatan, comme on voudra. Mais si j'atteins le but que je viens d'indiquer, vous signerez que vous étiez dans l'erreur, et que le Magnétisme est une vérité.

A cette proposition, faite avec un ton provocateur qui ne devait laisser aucun doute sur mes convictions, M. Chervin se lève, et me dit: Quand vous guéririez tous les malades de Paris, qu'est-ce que cela prouverait?

— Cela prouverait, répondis-je, que le Magnétisme serait plus puissant, seul, que tous les agents pharmaceutiques connus.

— Pour moi, reprend M. Chervin, je pratique tous les jours, et depuis bien des années, cependant, je ne sais pas encore si j'ai jamais guéri un seul malade !

— Votre aveu est naïf, célèbre docteur, répliquai-je ! Eh bien, *pour moi*, j'affirme que si je n'avais pas la conscience de guérir la plupart de mes malades, je cesserais immédiatement de leur donner des soins.

Les confrères de M. Chervin rougirent de sa naïveté ; M. Frapart et moi la prîmes en pitié ! et toute discussion cessa.

Qu'on juge maintenant de la valeur de quelques-uns de ces princes de la science !

Depuis quatre ans surtout, époque à laquelle se jugea en Cour de cassation un procès célèbre, à l'occasion du Magnétisme et du Somnambulisme, procès dans lequel les juges suprêmes donnèrent gain de cause au magnétiseur et à la somnambule qu'on avait indignement attaqués, la doctrine de Mesmer a fait d'immenses progrès. Aujourd'hui, on s'occupe de Magnétisme dans les salons les plus distingués ; toutes les classes de la société sont avides de connaître les phénomènes si surprenants et si admirables du Somnambulisme ; des cours sont professés de toutes parts, et l'on voit s'adonner à la pratique de la science reine, grands seigneurs et grandes dames, bourgeois et bourgeoises, savants et gens de lettres, et bientôt personne ne voudra rester étranger à la connaissance d'une chose par laquelle on peut rendre les plus grands services à sa famille, à ses amis, à tous les êtres souffrants, et qui fournit à l'esprit mille sujets intéressants, d'un attrait irrésistible.

LA SÉANCE DE MAGNÉTOLOGIE

DONNÉE

A Mme. LA DUCHESSE DE ***.

———◆———

Je fus mandé un jour au palais d'une très-grande dame, qui me pria de lui consacrer toute ma journée du lendemain pour l'instruire du Magnétisme, sur lequel elle avait déjà lu quelques ouvrages dont son esprit positif était peu satisfait. Elle désira en même temps que je fusse accompagné dans ma visite de l'une de mes somnambules, Mlle. Virginie, des facultés de qui certains personnages lui avaient donné un aperçu.

Le lendemain, Mlle. Virginie et moi nous nous rendîmes chez la duchesse, qui nous reçut aussitôt. Elle me demanda de lui exposer succinctement mes idées sur le Magnétisme et le Somnambulisme. Je le fis en ces termes :

« Je définis le Magnétisme : la manifestation de la faculté que possèdent tous les individus d'agir les uns sur les autres, soit sym-

pathiquement, soit antipathiquement, et chacun sur soi-même.

» L'action qui résulte de cette faculté est
plus ou moins puissante, selon le degré d'é-
nergie auquel est monté l'individu agissant.
Elle est plus ou moins ressentie par le sujet,
selon qu'il est dans des conditions plus ou
moins favorables à l'absorption du fluide magnétique, et qu'il se soumet avec une passivité
plus ou moins complète.

» L'agent magnétogène n'est autre chose
que le fluide qui entretient chez nous la vie,
et que l'on appelle fluide nerveux. Ce fluide
même est une forme du calorique, qui est, selon moi, le vrai et unique principe de tous les
fluides impondérables, diversement appelés à
cause de leurs modes divers de manifestation.

» Le moyen d'action est la volonté. C'est
par la volonté qu'on met en jeu le principe,
qu'on l'envoie, avec plus ou moins de force,
du centre vers les extrémités. C'est par la volonté qu'on dirige ce principe, qu'on le fait
franchir les extrémités organiques, et qu'on
en imprègne les corps dans lesquels on a désiré le fixer. Les gestes connus sous le nom
de *passes* ne sont que des auxiliaires ; auxiliaires utiles, mais non indispensables. Ces
opérations ne sont pas probables *à priori*

d'une manière absolue ; mais elles le sont incontestablement d'une manière relative.

» Je vais faire en sorte de vous rendre plus évident, par quelques comparaisons, ce que je viens d'avoir l'honneur de vous exposer.

» Si un homme veut soulever d'une main un poids qu'il suppose très-lourd, il enverra par sa volonté, dans les nerfs qui doivent forcer les muscles de son bras à la contraction nécessaire, toute la puissance dont il peut disposer ; et, à moins que le poids ne surpasse ses forces, il l'enlèvera de terre. Mais si cet homme suppose que le même poids soit extrêmement léger, il n'apportera dans son désir de le soulever qu'une volonté faible, et alors il ne l'ébranlera seulement pas, quelle que soit sa force musculaire habituelle. Dans le premier cas, il aura voulu envoyer des centres nerveux à l'une de ses extrémités le principe d'action ; dans le second, sa volonté, trop faible, n'aura fait parvenir à cette extrémité qu'une portion insuffisante de ce principe.

» Si l'on se met en contact avec une torpille ou tout autre poisson électrique, on éprouvera un engourdissement sensible, dû au dégagement du fluide. Alors le principe aura franchi la périphérie du corps de l'animal pour imprégner l'individu qui l'aura touché.

» Si un homme, doué d'un grand courage, est froissé par un lâche, son regard suffit pour paralyser son pusillanime adversaire. Alors, encore, le principe franchit l'épanouissement du nerf optique et imprègne celui sur lequel il a été dirigé, même à l'insu de son détenteur.

» En un mot, si tous les philosophes ont reconnu la réalité des sympathies et des antipathies, il est impossible de trouver l'explication de ces phénomènes, sans admettre comme base fondamentale de leur production, comme cause déterminante, précisément ce même principe du Magnétisme.

» Voilà le Magnétisme, son principe, les effets les plus ordinaires qui en résultent; passons, à présent, aux conditions du sommeil naturel, aux différents états qui se présentent dans cette crise, et voyons si le sommeil magnétique n'offre pas des analogies indubitables avec ce sommeil naturel.

» Dans mon opinion (et en avançant l'hypothèse qui va suivre, je ne crains point de commettre une hérésie scientifique); dans mon opinion, dis-je, le sommeil naturel ne nous envahit que lorsque le système que j'appelle cérébro-nerveux a été surexcité, conséquemment fatigué par un travail quelconque

ou par des agents de nature à déterminer l'excitation, la fatigue. Ainsi, soit qu'on ait beaucoup marché, travaillé, lu, écrit ou pensé,
soit qu'on ait bu avec excès des boissons alcooli-
ques, qu'on ait pris des narcotiques sous une
forme quelconque, qu'on ait mangé outre mesure, ou au contraire qu'on soit en proie aux
tourments de la faim (car les deux extrêmes
produisent également les mêmes résultats);
soit, enfin, qu'on subisse quelque affection
cataleptiforme, hystérique, etc., le sommeil
vient s'emparer de la machine organique, des
facultés sensibles, et les asservit irrésistible-
ment. Pour les individus qui sont dans un état
normal de santé ou qui rapprochent de cet
état, et qui suivent les habitudes sociales des
Européens, ce sommeil est périodique. Cette
périodicité est la conséquence forcée de l'uni-
formité de conduite; mais elle subit des perturbations aussitôt que les habitudes sont dé-
rangées. Eh bien! si les causes que je vous ai
indiquées (et à mon avis cela est incontestable) déterminent le sommeil ordinaire, pourquoi n'admettrait-on pas que l'accumulation,
la surabondance, la superfluité, si l'on veut,
du principe magnétique dans l'organisation
d'un individu, puisse produire un effet iden-
tique?... Quelques physiciens ont prétendu,

je le sais, que le sommeil provoqué magnéti-
quement n'était dû qu'à l'espèce de monoto-
nie dans laquelle on ensevelit, selon eux, le
pauvre patient, à l'ennui occasionné par les
gestes, à la faiblesse de l'imagination, à l'é-
réthisme de la peau, etc. Je ne nie point que
cela ne puisse avoir une certaine influence,
dans quelques cas, sur la production des effets
magnétophœnes. Je reconnais même que l'état
de l'atmosphère, la qualité de l'air ambiant, les
courants électriques, aident l'action ou nui-
sent à son développement; cependant comme
on peut magnétiser un individu placé dans un
milieu différent de celui où l'on se trouve soi-
même au moment de l'acte; comme on obtient, sans faire aucune passe, exactement
les mêmes phénomènes qu'en gesticulant, et
qu'enfin on produit ces effets à de grandes
distances, sur des animaux, sur des enfants,
sur des personnes ignorant qu'on agit sur elles, je ne saurais accorder que les prétentions
de nos dissidents soient fondées.

» Et si l'on ne veut pas comprendre que l'a-
gent magnétogène puisse provoquer le sommeil, comprend-on donc mieux que chacune
des autres causes que nous avons énoncées
ait une vertu somnifère ?... Ou nous devons
nous en tenir à l'acceptation des faits pure-

ment et simplement, sans chercher à en trouver l'explication, ou nous devons, par le raisonnement, aller du connu à l'inconnu, *de ce qui est admis pour tous, à ce qui n'est accepté que par un petit nombre, ou même par personne encore.*

» Jusqu'ici, Madame, je suis resté dans le champ de la physique, de la physiologie; mais en abordant les phénomènes curieux que l'on observe dans le sommeil dit naturel, je suis forcé d'entrer dans le domaine de la psychologie; car, vous le savez, la matière ne pense point; le corps n'est qu'un automate obéissant au ressort caché dont l'être suprême a voulu qu'il fût temporairement pourvu.

» Dans le sommeil non magnétique, tout le monde le sait, on voit apparaître le rêve, le songe, la somnoloquie, le somnambulisme, le mentambulisme, quelquefois l'extase.

» Voici comment je distingue ces différents états :

» Le rêve est un jeu bizarre d'une imagination en délire.

» Le songe est une vision, une sensation, une prévision, une intuition, quelquefois tout cela ensemble; et il ne saurait y avoir d'erreur que dans l'interprétation des images, des

allégories, des symboles qui s'y rencontrent
assez fréquemment.

» La somnoloquie est un babil erroné,
quand elle dépend du rêve ; quand elle dépend
du songe, au contraire, c'est un discours tantôt monologué, tantôt dialogué, tantôt polylo-
gué, dont toutes les parties sont en parfait accord et d'un rationalisme admirable.

» Le somnambulisme est l'obéissance de
l'appareil locomoteur à l'impulsion d'ambu-
lance que lui communique le système cérébro-nerveux.

» Le mentambulisme est une promenade
d'esprit, pendant la station du corps, l'absorption momentanée des organes matériels.

» L'extase est un état supérieur que j'ai
examiné et décrit dans mon *Traité du Magnétisme* (1). C'est la contemplation des choses hyperphysiques, dans un but d'utilité morale, religieuse ; c'est l'état dans lequel
l'homme encore lié à la terre reçoit de véritables inspirations célestes.

» Je vous ai dit les phénomènes qui appa-
raissent dans le sommeil naturel, je vous ai
dit les différentes formes que présentent ces

(1) Un vol. in-8°. de 508 pages, édité par Germer-Cail-
lière, rue de l'École de Médecine, 17. Paris, 1844.

différents états. Eh bien! toutes ces choses
se reproduisent dans le sommeil dit magnétique. Ainsi le magnétisé, comme le dormeur,
ou, en d'autres termes, et pour parler un langage plus généralement compris, le somnambule artificiel, tout comme le somnambule
naturel, peut voir dans les ténèbres les plus
profondes, à travers les corps opaques, à de
grandes distances, et même outre-mer, les objets sur lesquels il fixe son attention ; il sent,
goûte, touche et entend, par une immense ex-
tension de ses facultés de l'état de veille, ce qu'il
veut sentir, goûter, toucher, entendre, soit de
près, soit de loin, quant au présent, au passé,
à l'avenir ; car le temps et l'espace n'existent
point pour le somnambule. Or, il a la faculté
d'apprécier le degré de santé ou de maladie
de chaque individu qu'il examine, et celle de
de discerner les moyens à mettre en usage
pour guérir non-seulement les corps malades,
mais encore les âmes souffrant en ce monde.
Et il ne faut pas croire qu'il y ait là du sur-
naturel et que les magnétistes doivent être
frappés d'excommunication, rien au contraire
n'est plus *naturel*, rien n'est moins hétéro-
doxe, quelque étrange que cela puisse sem-
bler au premier aperçu. Vous ne verrez donc
à présent aucune impossibilité à ce qu'une

consultation soit donnée par un somnambule à
Paris pour un malade à Saint-Pétersbourg, alors
même que ce somnambule n'entrerait en contact avec aucun objet pouvant faciliter son rapport avec la personne qu'il doit explorer :

Dans le consentement, les âmes se conjoignent.

» Il me reste à vous dire quelques mots du
Magnétisme appliqué comme agent thérapeutique. Je ne vous répéterai point ma défini-
tion de ce principe et de son mode d'action en
général ; je vous soumettrai simplement ce
dilemme : si les animaux peuvent produire,
par une vertu inhérente à leur nature, des
perturbations plus ou moins grandes dans l'organisme d'un individu vers lequel ils dirigent
leur action, est-il déraisonnable de croire que
l'homme, le roi des êtres vivants, puisse opérer chez autrui, par une puissance qui lui
est propre, des révolutions salutaires ou nuisibles, selon la direction qu'il donne à cette
puissance ?... Je pourrais ajouter que si deux
métaux acquièrent, par une disposition parti-
culière, la propriété de foudroyer un bœuf,
d'atténuer, de guérir certaines affections, je
ne saurais comprendre qu'on refusât de reconnaître que l'agent magnétogène soit pourvu
d'une vertu curative.

» Maintenant je me résume : La magnétisation peut provoquer le sommeil ; l'individu
magnétisé peut voir à distance, connaître les
moyens de traitement pour le malade qu'il a
exploré. L'agent magnétogène à une propriété
curative. En un mot, LE MAGNÉTISME EST
UNE VÉRITÉ DÉMONTRÉE, et, par cela seul,
une chose utile ! »

Cela dit, je magnétisai Mlle. Virginie. Dès
qu'elle fut entrée en somnambulisme, Mme. la
duchesse l'interrogea sur des choses particulières, et se montra ravie de la justesse avec
laquelle ma somnambule avait répondu à ses
questions, et surtout des éclaircissements
qu'elle lui avait donnés sur des objets de la
plus grande importance pour elle.

Mlle. Virginie une fois réveillée, Mme. la
duchesse me demanda si l'on devait magnétiser un sujet nouveau, inconnu, comme j'a-
vais magnétisé ma somnambule.

Voici, lui dis-je, ce que j'ai enseigné dans
mon *Traité du Magnétisme* :

« Je commence par faire placer le sujet de
manière qu'il soit à l'aise et dans la position
qui lui serait convenable s'il voulait goûter
les douceurs d'un sommeil naturel. Le plus
ordinairement je le fais asseoir dans un fauteuil à haut dossier. Je me tiens devant lui,

debout ou assis, comme je le trouve plus com-
mode.

» Après m'être recueilli un instant, je fixe
mes yeux sur lui avec la volonté ferme et bien
déterminée d'obtenir tel ou tel effet. Au bout
d'une couple de minutes, je dirige la pointe de
mes doigts vers le creux de l'estomac du sujet ; puis je commence l'exercice des gestes
connus sous le nom de *passes.*

» Mes premières passes se font en élevant
la main mollement, les doigts baissés, jusqu'à la hauteur du col du sujet ; là, j'opère
par un mouvement de bascule un changement
de direction des doigts, de manière que leurs
pointes se trouvent plus élevées que la paume
de la main, d'un demi-pouce environ, et dirigées vers le haut du corps. Je baisse ensuite
le bras, en maintenant la main et les doigts
dans la même position, jusqu'à ce que les
pointes soient descendues un peu au-dessous
de l'appendice xyphoïde, c'est-à-dire vis-à-vis
le creux de l'estomac. Je répète ces premières passes jusqu'à ce que le sujet éprouve
quelques symptômes de magnétisation, soit
de l'oppression, des clignotements fréquents,
ou tout autre phénomène physiologique extraordinaire. Alors je monte la main jusqu'au
sommet du front, et, réglant mes passes

comme primitivement, je les descends toujours au même point. Ces gestes ne diffèrent
des premiers qu'en ce qu'ils partent de plus
haut. Je fais aussi assez souvent un petit mouvement semi-circulaire de la main sur le front
et les yeux, que j'imprègne fortement de
fluide, en cas de clignotements persistants; à
cette fin, j'y présente les pointes de mes
doigts, assez long-temps, et j'y projette le
fluide en ouvrant vivement les mains, que j'ai
fermées préalablement.

» Dès que le sujet paraît être en somnolence,
et que ses paupières sont à-peu-près closes, je
fais des passes autour de la tête, en les éten-
dant jusqu'aux cuisses, devant la poitrine et
sur les côtés. Si la respiration devient gênée,
je dégage la poitrine en allongeant mes passes jusqu'aux jambes. Si quelques mouvements convulsifs, spasmodiques, se manifes-
tent dans telle ou telle partie, je passe la
main sur cette partie, en entraînant le fluide
vers l'extrémité la plus voisine ; souvent même
j'en dégage une certaine quantité au dehors,
afin de calmer le sujet, pour que les convulsions ne l'empêchent pas d'arriver au sommeil
magnétique.

» Lorsqu'il me paraît être dans l'état magnétique complet (ce dont on ne peut s'assurer

rigoureusement que dans le cas de sensibilité
à l'attraction, à la répulsion, aux impres-
sions mentalement ordonnées, ou à quelqu'acte de clairvoyance extraordinaire), j'é-
tends le fluide également par tout le corps, en
faisant des passes à grands courants, afin
d'empêcher des secousses nerveuses.

» Il arrive très-souvent que le sujet n'est
porté qu'à un état de demi-crise magnétique ;
dans ce cas, il est comme abasourdi ; ses paupières supérieures sont abaissées et comme
frappées de paralysie ; les membres ne se
meuvent que fort péniblement ; les lèvres, la
langue, les mâchoires sont, ou fortement
contractées, ou extrêmement relâchées. On
dirait que le sommeil magnétique est parfait ;
cependant le sujet entend le bruit extérieur,
il en est désagréablement affecté, et, au sor-
tir de cet état, il se rappelle les circonstances
qui l'ont frappé durant sa somnolence. Dans
une telle situation, je le laisse reposer tran-
quillement, en ayant soin de maintenir le
calme. Je charge fortement ses oreilles de
fluide, avec la volonté de paralyser momentanément les nerfs auditifs ; et il arrive assez
fréquemment qu'il passe, au bout d'une à
deux heures, quelquefois plus promptement,
à l'état magnétique complet.

» Avant de provoquer le somnambulisme , je m'attache à isoler le magnétisé de tout bruit extérieur.

» Quand le sujet est complétement magné-tisé et isolé, et que le somnambulisme ne s'est pas déclaré, je provoque cet état, si je le crois nécessaire , en pratiquant avec cette intention quelques passes croisées sur la ré-gion épigastrique. Ces passes se font : les unes de l'épaule droite à la hanche gauche, les autres de l'épaule gauche à la hanche droite.

» La chose la plus importante, selon moi, c'est l'éducation des somnambules. Voici comment je me comporte à l'égard des nou-veaux :

» J'évite de laisser toucher le sujet et les objets avec lesquels il est en contact ; je m'abstiens de lui adresser des questions insi-gnifiantes ou indiscrètes ; je l'interroge sur des choses utiles, en le soutenant dans son travail d'esprit ; je ne le presse point, je ne le contrarie point ; mais s'il s'écarte de la vé-rité , je le redresse avec douceur et fermeté. Lorsqu'il me paraît fatigué , je le laisse repo-ser , et j'ai soin de le dégager des fluides morbifiques qu'il a pu absorber s'il a été consulté pour des malades. Je développe

ses facultés somnambuliques de plus en plus,
à mesure que j'avance; mais je n'exige
jamais de lui des choses au-dessus de ses
forces.

» Je ne partage pas l'opinion de ceux des
magnétiseurs qui prétendent qu'on doit s'en
rapporter aveuglement à la clairvoyance plus
ou moins contestable des somnambules, et
qu'il ne faut jamais leur demander compte de
leurs appréciations. Je suis si convaincu que
les somnambules qui ne raisonnent pas leurs
prescriptions commettent, parfois, des er-
reurs graves, auxquelles il n'est pas toujours
possible de remédier, que j'exige le *pourquoi*
de toutes leurs indications sérieuses. »

— Vous pensez donc, reprit la duchesse,
que les somnambules doivent être traités
comme des enfants ?...

— Sans doute, Madame, pendant un certain temps, les somnambules ont besoin des
soins les plus attentifs, de l'instruction la plus
sage, tant pour réprimer ou prévenir les éga-
rements de leur imagination, presque toujours aventureuse, que pour la conservation
de leur santé personnelle. Et alors même
qu'un somnambule est parvenu au plus haut
degré de perfection qu'il puisse atteindre, la
direction d'un magnétiseur sage et éclairé lui

est encore nécessaire, indispensable plutôt ; car la *folle du logis* est toujours disposée à l'exaltation, et finit par tuer le jugement, quand elle est abandonnée à la fougue des tourbillons qui l'entraînent, comme malgré la raison, dans le vague des rêveries et des chimères.

— Je comprends, fit la duchesse ; maintenant, veuillez me dire si les élèves que vous formez, peuvent magnétiser avec succès dès qu'ils sont imbus de vos leçons, et qu'ils suivent à la lettre toutes vos instructions pratiques ?

— Madame, les personnes qui veulent écouter et mettre en usage mes enseignements, sont toutes capables de produire des effets magnétiques, mais à des degrés divers. Il en est de la faculté de magnétiser, comme de toute autre faculté quelconque, chacun la possède plus ou moins éminemment, et elle est susceptible de s'accroître prodigieusement, par l'exercice, le travail, l'attention. J'ai formé, soit à Paris, soit en province, soit à l'étranger, plusieurs milliers d'élèves, et je puis affirmer que tous ceux qui l'ont voulu, ont pu magnétiser avec avantage, lors même qu'ils étaient le moins adonnés à l'étude des sciences physiques. Je pourrais vous citer

mille personnes qui ont eu des succès en
magnétisme, autant et plus, peut-être, que
moi-même, proportion gardée des conditions. M. Marcillet, par exemple, dont
le nom est à présent connu de tout Paris, ne
s'était jamais occupé de philosophie avant l'é-
poque où il eut la fantaisie, sinon la vocation,
de se faire magnétiseur, et magnétiseur
ardent, infatigable, assurément. M. Marcillet donc, commissionnaire-expéditeur, rue
Grange-Batelière, 12, suivit mes cours de
magnétologie en 1840; en peu de temps il
devint assez fort praticien pour faire des pro-
diges, et, grâce à son zèle, le Magnétisme
compta bientôt des milliers d'amis de plus,
dans les salons les plus distingués de la capitale. Il a aujourd'hui, pour somnambule ordinaire, un jeune homme de dix-sept ans,
d'une corpulence moyenne, d'un tempéra-
ment nerveux, jadis en proie à une affection
cataleptiforme qui a cédé aux applications
magnétiques faites, il y a trois ans, par moi-
même, et arrivé à présent à un degré supérieur de lucidité.

Pour vous donner une idée du zèle éner-
gique de M. Marcillet, et de la clairvoyance
d'Alexis, je vais vous lire, si vous le permet-
tez, quelques lettres que mon heureux disci-

ple m'a adressées il y a peu de temps, et que j'ai, par hasard, dans ma poche :

« Paris, ce 27 Mai 1843.

» Monsieur Ricard,

» Je vous ai dit, hier, que je devais passer la soirée chez M. le général Jacqueminot, où, avec Alexis, mon somnambule ordinaire, je devais donner la preuve du fait de la vision malgré l'occlusion des yeux, à travers les corps opaques, et à distance.

» Vous connaissez Alexis, vous savez comment il joue aux cartes, ayant les yeux recouverts de tampons et d'un épais bandeau; vous savez aussi qu'alors même que les cartes sont appliquées immédiatement sur la table, la face contre le tapis, il les voit néanmoins et les indique sans les retourner. Eh bien! tout cela n'a été hier, en présence de la société d'élite réunie chez M. le général Jacqueminot, qu'un amusement pour Alexis. Il semblait, en effet, se jouer des difficultés qu'on lui opposait, et non content de convaincre par des faits qui lui sont devenus familiers, il a donné encore la preuve d'un sentiment d'olfaction bien remarquable, en disant à un dé-

puté, M. de Chassiron, à qui il venait de faire
la description d'une propriété située à quelques lieues de La Rochelle : « Comme ça sent
le brûlé, ici ; comme il y a eu de la fumée,
il y a quelques jours. » M. de Chassiron a reconnu l'exactitude du fait. Il venait de recevoir une lettre dont le contenu était parfaitement d'accord avec l'annonce d'Alexis.

» Que vous dirai-je, mon cher maître ? le
somnambule a fait plus que de se surpasser,
en décrivant dans ses détails un château appartenant à M. le général Jacqueminot.

» Votre tout dévoué et fervent disciple,

» MARCILLET. »

« Paris, ce 29 Mai 1843.

» La séance que j'ai donnée hier chez M.
le comte Duchâtel, ministre de l'intérieur, a
été des plus intéressantes. Alexis, après avoir
joué aux cartes d'une manière admirable,
ayant laissé mettre entre lui et son adversaire
un carton par-dessus lequel il envoyait successivement les cartes convenables, a fait une
vue à distance chez Mme. de Ségur. Il a décrit son château situé à six lieues environ de
Fontainebleau, annonçant qu'on y faisait des

réparations, que les chaises de la salle à manger en avaient été retirées, que le château était flanqué de tourelles dont il désigna le nombre.

» Il a été encore plus étonnant de lucidité avec M. Dumon, député. S'étant transporté mentalement, sur l'ordre de ce Monsieur, à quelques lieues de Villeneuve-d'Agen, il a annoncé que le château était d'un seul corps, c'est-à-dire uniforme, sans ornements extérieurs ; que les fenêtres se trouvaient plus élevées du sol d'un côté que de l'autre ; qu'il était bâti sur une pente ; que l'on apercevait à l'horizon de hautes montagnes ; il a indiqué le logement d'un charretier dont il a fait le portrait ; le logement de l'intendant, à l'extrémité droite du château et au premier étage. Il a fait le portrait de cet intendant, dont la maigreur l'a frappé, et il a caractérisé sa femme, ajoutant que celle-ci n'est pas du pays qu'elle habite, qu'il reconnaissait cela à son langage (cette femme est normande); enfin, il a dit qu'il n'y avait qu'un cheval au château, et que ce cheval était gris.

» Tout le monde est resté dans la plus grande admiration, etc.

» MARCILLET. »

« Paris, ce 30 Mai.

» Hier, la séance donnée chez M. Dailly, maître de poste, a été remarquable par des vues à distance. Alexis, conduit mentalement à Canton, a décrit parfaitement les abords de cette ville et désigné plusieurs choses remarquables qui n'existent point en Europe.

» Un ecclésiastique distingué, arrivant d'Afrique, lui ayant demandé ce qu'il remarquait entre Bône et Hippône, en Algérie, Alexis répondit qu'il voyait un pont qui s'était enfoncé plusieurs fois, et sur lequel on avait toujours reconstruit; de sorte, a-t-il dit, que l'on voit deux rangées d'arcades dont les inférieures sont pour ainsi dire en ruine ; ce qui est exact.

» Alexis a terminé la séance par la lecture de deux mots : NOMS, DAILLY, qu'il a lus malgré la superposition de plusieurs feuilles de papier.

» MARCILLET. »

« Paris, ce 31 Mai.

» Aujourd'hui, c'est chez M. Truelle, rue Louis-le-Grand, 29, qu'Alexis, sur huit à dix lettres qui lui ont été présentées, a constamment dit le contenu de chacune d'elles sans

les ouvrir, et en a nommé les différents si-
gnataires, de l'un desquels il a fait le portrait
physique et le portrait moral. Mme. la comtesse Duchâtel lui en ayant présenté une, il
hésita plusieurs fois à la toucher ; on eût dit
qu'elle le brûlait ; c'était une sorte de vénéra-
tion, de respect, que semblait lui inspirer
cette lettre ; enfin, il finit par dire qu'elle venait d'un haut et puissant personnage qu'il
nomma. Ayant prié Mme. la comtesse Duchâtel de s'éloigner de lui, et de tenir la lettre
ouverte devant elle, il en lut le contenu.

» Une autre lettre ayant été présentée à
Alexis, il dit, en la touchant, à M. Truelle, à
qui elle était adressée : Celle-ci vient d'une jo-
lie dame, blonde, fraîche, je l'ai déjà vue ;
elle était vendredi chez M. le général Jacqueminot. Puis, se tournant vers Mme. la comtesse Duchâtel : Vous la connaissez bien,
vous, Madame, la personne qui a écrit cette
lettre ; et il ajouta que c'était elle-même ; ce
qui était vrai, etc.

» MARCILLET. »

« Paris, 3 Juin.

» Hier, nous étions chez M. Delvigne, rue
Taitbout, 34. Alexis s'est transporté mentale-

ment chez M. Lépaule, peintre, qu'il ne connaissait nullement ; il a vu chez ce monsieur beaucoup de statuettes en plâtre, des bras, des jambes, des mains ; il lui a décrit plusieurs tableaux, son atelier et son appartement.

» Une deuxième épreuve a été faite par une personne des environs de Grenoble (Isère). Alexis a vu les restes d'un temple bâti par les Romains, et en a dessiné la forme.

» Le maître de la maison, voyant une lucidité si parfaite, pria à son tour Alexis de se transporter à sa campagne, située à une lieue de Ham. Le somnambule, après lui avoir fait remarquer plusieurs choses sur le chemin, décrivit la maison avec des détails minutieux. Il dit qu'il y avait actuellement deux charretiers, le père et le fils ; que ce dernier couchait dans une soupente de l'écurie, et que le père habitait une maison du village voisin ; il visita les écuries, supputa le nombre des chevaux, DIX-SEPT, et annonça qu'un gros cheval gris avait été blessé par le collier, ce qui l'empêchait de travailler à présent. M. Delvigne nous dit qu'une lettre qu'il venait de recevoir lui annonçait ce dernier fait ; il nous déclara que tout ce qu'avait dit Alexis était fort exact.

» MARCILLET. »

Permettez-moi, maintenant, Madame, de vous raconter une séance récente de Magnétisme, où ont figuré encore avec gloire MM. Marcillet et Alexis :

Vendredi dernier, ces deux Messieurs, Mlle. Virginie et moi, nous avons passé la soirée chez Mme. la vicomtesse de Saint-Mars, rue d'Anjou-Saint-Honoré, 45. Il y avait une société de personnes dont les noms sont assez connus pour que je n'aie pas besoin de vous dire leurs capacités. MM. Victor Hugo, Théophile Gauthier, Halévy, Paul Lacroix, (le bibliophile Jacob), de Saint-Georges, le marquis de Saint-Mars, Roger de Beauvoir, etc. etc., composaient, avec des dames aussi instruites que gracieuses, la charmante réunion. Quelques instants après notre arrivée, M. Marcillet fit placer Alexis à un bout du salon, dans un large fauteuil, et le mit promptement en somnambulisme. Alexis, les yeux occlus, fit une partie d'écarté avec une rapidité extrême, et nomma plusieurs cartes appliquées la face contre le tapis ; mais l'expérience la plus concluante fut celle-ci : M. Hugo avait préparé, chez lui, un paquet cacheté au milieu duquel se trouvait un seul mot imprimé en gros caractères, cependant invisible aux meilleurs yeux, à travers les

feuilles de papier qui l'enveloppaient entièrement. Vous comprenez que le poète académi-
cien avait pris toutes précautions pour n'être
pas abusé. Le paquet, présenté à Alexis, fut
d'abord retourné dans tous les sens par le
somnambule, qui, au bout d'un instant,
épela lentement ainsi : P.....O..... L.....I.....
POLI..... Je ne vois pas la lettre suivante....
Je vois celles qui viennent après... I.... Q....
U... E.... Huit lettres...; non..., neuf... neuf
lettres....; mais il y en a une que je ne vois
pas.... Je ne peux pas dire ce mot.... Cependant.... P.....O....L....I.... Je ne vois pas
bien.... T.... c'est un T.... POLITIQUE...
C'est bien cela. Le mot est imprimé sur un
papier VERT-CLAIR.... M. Hugo l'a enlevé
d'une brochure que je vois chez lui.

Cette preuve seule vaut mille preuves; il
n'y a rien à objecter, rien, à moins qu'on
ne veuille supposer qu'un homme comme
M. Hugo soit capable de s'abaisser au rôle de
compère, ce que les ennemis du Magnétisme
oseront peut-être bien prétendre, mais ce à
quoi ils ne feront certes pas croire. Quant
au hasard, que certaines gens invoquent incessamment, il est impossible qu'il soit pour
quelque chose dans le fait. Je donne un siècle à cent millions de lynx réunis, pour voir,

dans l'état normal, ou pour deviner par hasard un mot quelconque placé dans des conditions analogues à celles où se trouvait le mot choisi par M. Hugo, et lu avec peine par Alexis. (1)

---

(1) Alexis est le même somnambule qui a donné lieu, il y a peu de temps, à la lettre suivante de M. Alexandre Dumas :

« Le 3 Septembre 1847.

» Voulez-vous me permettre de vous écrire une longue lettre sur ce qui s'est passé chez moi aujourd'hui, cette lettre ne sera peut-être pas sans un certain intérêt de circonstance.

» N'allez pas croire, par ces derniers mots, qu'il soit question du procès Teste, de l'assassinat Praslin, ou des émeutes de la rue Saint-Honoré ; il est tout simplement question de Magnétisme.

» Vous avez repris, depuis trois ou quatre jours, la publication de *Joseph Balsamo*, et, dans la première partie de ce roman, le Magnétisme a joué un grand rôle.

» Ce rôle ne doit pas être moins important dans la seconde partie que dans la première.

Après les expériences d'Alexis, je magnétisai Mlle. Virginie, dont la faculté spéciale est

---

» L'introduction de ce nouveau moyen
dramatique dans mon œuvre préoccupe bien
des gens; je puis le dire sans vanité, ayant
reçu une vingtaine de lettres anonymes, dont
les unes me disent, que si je ne crois pas à ce
que j'écris, je suis un charlatan, et les autres, que si j'y crois, je suis un imbécile.

» Or, il faut que j'avoue une chose, avec
cette franchise qui me caractérise, c'est qu'a-
vant aujourd'hui, 5 Septembre 1847, je n'a-
vais jamais vu une séance de Magnétisme.

» Il est juste de dire, en revanche, que
j'avais à-peu-près lu tout ce qui avait été
écrit sur le Magnétisme.

» D'après ces lectures, une conviction était
passée en mon esprit, c'est que je n'avais
rien fait faire à Balsamo qui n'eût été fait, ou
tout au moins ne fût faisable.

» Cependant, dans notre époque de doute,
il me parut qu'une seule conviction ne suffi-
sait pas, et qu'il en fallait deux : une
conviction de fait, et une conviction de droit.

» J'avais déjà la conviction de droit ; je résolus de rechercher la conviction de fait.

l'appréciation et la cure des maladies ; mais qui comprend néanmoins la pensée d'autrui,

---

» Je priai M. Marcillet de venir passer la journée à Monté-Cristo, avec son somnambule Alexis.

» C'est jeudi dernier, je crois, que l'invitation avait été faite. Depuis jeudi un accident était arrivé dans la maison, qui m'eût fait désirer, si la chose eût été possible, de remettre la séance à un autre jour.

» Mon pauvre Arabe Paul, que vous m'avez aidé à illustrer sous le nom d'Eau de Benjoin, était tombé malade jeudi soir, et la maladie avait fait de tels progrès qu'aujourd'hui il était sans connaissance. J'eusse donc, comme je vous le disais, désiré remettre la séance à un autre jour ; malheureusement, quelques amis étaient prévenus, à qui je n'eusse pas eu le temps de donner avis de la remise, et qui fussent venus inutilement à Saint-Germain. Or, aux amis qui font cinq lieues par la pluie, on doit bien faire quelque concession, et je leur fis celle de ne rien changer aux dispositions prises, malgré la triste préoccupation où me plongeait l'état désespéré du malade.

3

et qui voit parfaitement, à des milliers de
lieues, les objets sur lesquels on dirige son

» A deux heures, tout le monde était réuni.

» La scène se passait dans un salon au second.

» On prépara une table ; sur cette table,
on étendit un tapis ; sur ce tapis, on posa
deux jeux de cartes encore enfermés dans
leur enveloppe timbrée de la régie, du papier,
des crayons, des livres, etc.

» M. Marcillet endormit Alexis, sans faire
un seul geste, et par la seule puissance de sa
volonté.

» Le sommeil fut cinq à six minutes à venir. Quelques tressaillements nerveux et une
légère oppression le précédèrent. Il y avait
surabondance de fluide. M. Marcillet enleva
cette surabondance par plusieurs passes ; le
sommeil devint plus calme, et au bout d'un
instant fut complet.

» Alors deux tampons de ouate furent faits
et posés sur les yeux d'Alexis ; un mouchoir
assura les tampons sur les yeux ; deux autres
mouchoirs, posés en sautoir et noués derrière
la tête, détruisirent jusqu'à la supposition
qu'il était possible au somnambule de voir

attention. M. Halévy fut mis en rapport, le premier, avec ma somnambule, à qui il adressa

---

par l'organe naturel, c'est-à-dire par les yeux.

» Le fauteuil où dormait le somnambule fut roulé vers une table ; de l'autre côté de la table s'assit M. Bernard, une partie d'écarté commença.

» En touchant les cartes, Alexis déclara qu'il se sentait parfaitement lucide, que par conséquent on pouvait exiger de lui tout ce qu'on voudrait. Il paraissait effectivement, au milieu de son sommeil, en proie à une vive agitation nerveuse.

» Trois parties d'écarté se firent sans qu'Alexis relevât une seule fois ses cartes ; constamment il les vit couchées sur la table, les retournant pour jouer et annonçant davance quelle carte il jouait. Pendant les trois parties il vit également dans le jeu de son adversaire, soit que son adversaire relevât des cartes, ou les laissât sur la table.

» Plusieurs personnes manifestèrent le désir de voir M. Bernard céder sa place. M. Bernard se retira ; M. Charles Ledru s'assit à son tour en face d'Alexis.

» La lucidité allait croissant. Alexis an-

cette question : « Quelles sont mes occupations habituelles ?—Songez-y vous-même, dit

---

nonçait les cartes au fur et à mesure que
M. Ledru les donnait.

» Enfin il repoussa le jeu en disant :

— C'est trop facile. Autre chose.

» On prit un livre au hasard parmi les vo-
lumes posés sur la table, et complétement in-
connus au somnambule. C'était un *Walter
Scott*, traduction de Louis Vivien, *Eaux de
Saint-Ronan*.

» Le somnambule l'ouvrit au hasard, à la
page 229.

— A quelle page voulez-vous que je lise ?
demanda-t-il.

— A la page 249, répondit Maquet.

— Peut-être sera-ce un peu difficile ; le caractère est bien fin. N'importe, je vais essayer. Puis il prit un crayon, traça une ligne
aux deux tiers de la page.

Je vais lire à cette hauteur, ajouta-t-il.

— Lisez, lui dit Marcillet.

» Et il lut sans hésitation, écrivant les
yeux bandés, les deux lignes suivantes :

« Nous ne nous arrêterons pas sur les difficultés inséparables du transport. »

la somnambule..... Des lignes..... des points sur et entre ces lignes.... des petites barres...

» L'impatience fit qu'on ne lui laissa pas lire plus loin. Nous lui prîmes le livre des mains ; et à la page 249, aux deux tiers de la page, à la 35ᵉ. ligne, commençant un alinéa, nous lûmes exactement les mêmes paroles que venait d'écrire Alexis : il avait lu à travers onze pages.

» Maquet fut invité à prendre un crayon, à écrire un mot et à renfermer le papier sur lequel il serait écrit sous double enveloppe.

» Il se retira à l'écart, seul, et sans que personne sût ce qu'il devait écrire : le mot écrit, et bien enfermé, il rapporta la double enveloppe pliée en deux au somnambule.

» Alexis toucha l'enveloppe.

— C'est facile à lire, dit-il, car l'écriture est belle.

» Alors, prenant le crayon à son tour, il écrivit dans le même caractère, et comme s'il eût décalqué, le mot *Orgue* sur la seconde enveloppe.

» On tira le papier de son fourreau. Non-seulement le mot *Orgue* était écrit dessus, des crochets.... c'est de la musique.... de la musique d'opéra. »

---

mais encore l'écriture de Maquet et celle d'Alexis étaient presque identiques.

» Alors il me vint l'idée de lui parler du pauvre malade, et je lui demandai s'il croyait pouvoir distinguer à distance. Il me répondit qu'il se sentait dans son jour de lucidité, et qu'il ferait tout ce que je lui ordonnerais de faire.

» Je lui pris la main et lui ordonnai de voir dans la chambre de Paul.

» Alors il se tourna vers un point du salon et leva les yeux cherchant à percer la muraille (1)

— Non, il n'est plus là, dit-il, on l'a changé de place.

» C'était vrai, la veille on avait transporté le malade dans une autre chambre.

— Ah ! il est ici, fit-il en s'arrêtant vers le point où Paul se trouvait réellement.

— Voyez-vous ? demandai-je.

— Oui, je vois.

— Dites ce que vous voyez.

— Un homme déjà vieux ; non, je me trompe ; j'ai cru qu'il était vieux, parce qu'il est noir, pas nègre cependant, mulâtre. Je

(1) Comment pouvait-il lever les yeux, puisqu'ils étaient bandés par trois mouchoirs, grosse bête ?....

Certes, si Mlle. Virginie eût connu d'abord
l'auteur de la *Juive*, etc., ou que quelqu'un

---

verrais mieux encore si l'on me donnait de
ses cheveux.

» Un domestique monta et alla couper des
cheveux au malade.

— Ah ! dit le somnambule, on lui coupe
les cheveux derrière la tête ; les cheveux sont
courts, noirs et crépus.

» On lui apporte les cheveux.

— Oh ! dit-il, très-malade, le sang se porte
violemment à ses poumons, il étouffe. Oh !
c'est singulier ! [qu'a-t-il donc sur la tête ?
cela ressemble à un bourrelet.

— En effet, lui dis-je, c'est une vessie
pleine de glace.

— Non, répondit-il ; la glace est fondue,
il n'y a plus que de l'eau. Le malade est atteint d'une fièvre typhoïde.

— Croyez-vous que le médecin somnambule, M. Victor Dumets, puisse quelque
chose pour lui ?

— Beaucoup plus que moi ; je ne suis pas
médecin.

— Croyez-vous qu'il ne soit pas trop tard
de l'aller chercher demain ?

cût prononcé son nom devant elle, il n'y eût
là rien de surprenant; mais il est certain

— Il est tard déjà, car le malade est en
grand danger ; mais demain il vivra encore.
S'il lui arrive un malheur, ce ne sera que
mardi. Mais s'il vit encore sept jours il est
sauvé.

» Trois femmes assistaient à la séance.

» J'emmenai l'une d'elles dans une chambre
séparée du salon par l'antichambre, et, dans
cette chambre, les portes fermées, elle écrivit quelques mots sur un morceau de papier,
plia le papier, et posa une main de marbre
sur le tout.

» Nous rentrâmes.

— Pouvez-vous lire ce que Madame vient
d'écrire ? lui demandai-je.

— Oui, je le crois.

— Savez-vous où est le papier sur lequel
elle a écrit ?

— Sur la cheminée ; je le vois très-bien.

— Lisez alors.

» Au bout de quelques secondes :

— Il y a trois mots, dit-il.

— C'est vrai ; mais quels sont ces trois
mots ?

qu'elle ne connaissait en aucune façon le célèbre compositeur.

» Il redoubla d'efforts.

— Oh ! je vois , dit-il , je vois.

» Il prit un crayon et écrivit.

— Impossible à lire.

» On alla chercher le papier. C'étaient bien
les trois mots qui étaient écrits dessus. Alexis
avait lu, non-seulement à distance, mais à
travers deux portes et une muraille.

— Pourriez-vous lire une des lettres qui se
trouvent dans la poche de l'un ou de l'autre
de ces Messieurs ? demanda M. Marcillet.

— Je peux tout dans ce moment-ci, je vois
très-bien.

— Messieurs, une lettre ?

» M. Delaage tira une lettre de sa poche,
la remit à Alexis.

» Il l'appuya contre le creux de son estomac.

— C'est d'un prêtre , dit-il.

— C'est vrai.

— C'est de l'abbé Lacordaire.— Non.— Attendez.—Non. — Mais c'est de quelqu'un qui
a beaucoup d'analogie dans le talent avec lui.

— Ah ! c'est de M. l'abbé Lammenais.

» A M. Halévy succéda M. Hugo, qui adressa
à la somnambule la même question : «Quelles

— Oui.

— Voulez-vous que je vous en lise quelque
chose ?

— Oui, lis-nous la première ligne.

» Presque sans hésitation, Alexis lut :

— « J'ai reçu, mon très-cher ami... »

» On ouvrit la lettre, elle était de M. de
Lammenais, et la première ligne était exactement ce qu'Alexis venait de transcrire.

— Un autre, demanda le somnambule.

» Esquiros tira de sa poche un papier plié
en quatre.

—C'est la même écriture que l'autre, dit
Alexis : Ah! c'est singulier ; il y a un mot qui
n'est pas de la même main. Tiens, c'est votre
signature.

— Non, dit Esquiros, vous vous trompez.

—Ah! par exemple. Je lis Esquiros. Tenez,
tenez, et il me montrait le papier, ne lisez-
vous pas là, là, Esquiros ?

—Je ne pouvais pas lire, le papier était
fermé.

—Ouvrez le papier, lui dis-je, et voyons.

sont mes occupations habituelles ? — Vous,
Monsieur, vous écrivez, répondit Mademoi-

» Il ouvrit le papier.

» Le papier contenait un laissez-passer de
M. de Lammenais, et effectivement était con-
tre-signé Esquiros à l'un de ses angles. Esquiros avait oublié le contre-seing; Alexis
l'avait lu.

» Comme on le voit, la lucidité était arrivée
au plus haut degré.

» Maquet s'approcha de lui, la main fermée.

— Pouvez-vous voir ce que j'ai dans la
main? dit-il.

— Otez vos bagues, la vue de l'or me gêne.

» Maquet, sans ôter ses bagues, se retourna
et passa l'objet de la main droite à la main
gauche.

— Ah! très-bien, dit Alexis, maintenant
je vois, c'est.... une rose.... très-flétrie.

» Maquet venait de ramasser la rose à terre
et l'on avait marché dessus.

— Etes-vous fatigué ? lui demandai-je.

— Oui, répondit-il, mais si cependant vous
deviez faire encore une expérience, je vois à
merveille.

— Voulez-vous que j'aille prendre un objet

selle Virginie. Vous écrivez des choses bien
fortes ; mais il y a tant d'énergie dans votre

---

dans ma chambre, et que je vous l'apporte
dans une boîte ?

— Très-bien.

— Pourriez-vous voir à travers la boîte ?

— Je le crois.

» J'allai dans ma chambre, seul. J'enfer-
mai un objet dans une boîte en carton, et je
l'apportai à Alexis.

— Ah ! c'est singulier, dit-il. Je vois des
lettres, mais je ne puis pas lire ; l'objet vient
d'outremer ; cela a la forme d'un médaillon,
et cependant c'est une croix ; oh ! que de pier-
res brillantes autour ; je ne puis pas dire le
nom de l'objet, je ne le connais pas, mais je
pourrais le deviner.

» C'était un Nishan ; ces lettres qu'Alexis
ne pouvait pas lire, c'était la signature du bey
de Tunis.

» L'objet, comme on le voit, venait bien
d'outremer. Il avait la forme d'un médaillon,
et cependant c'était une croix ou une dé-
coration, ce qui est à-peu-près synonyme.

» Après cette dernière expérience, Alexis
était fatigué : on le réveilla.

pensée que cela doit être. Attendez, je vous prie, je vois chez vous une grande armoire, très-ancienne, en bois noir, dans laquelle vous serrez des manuscrits, des notes, etc.» Voyez-vous, reprit le poète, ce qu'il y a sur la porte de cette armoire? Oui, ce sont des dessins.

M. Hugo déclara que cela était exact, et céda sa place à M. Théophile Gauthier. Après celui-ci vint M. Roger de Beauvoir, puis M. de Saint-Georges, puis M. Paul Lacroix, puis, enfin, les dames qu'avaient enhardies les expériences relatives aux Messieurs. Mlle. Virginie fut extrêmement remarquable dans tous ses aperçus. Je ne sais ce qu'elle révéla tout bas à M. de Saint-Georges et à M. Paul Lacroix successivement; mais ces Messieurs nous dirent qu'ils étaient émerveillés.

» Voilà ce qui s'est passé aujourd'hui chez moi. C'est ma réponse à toutes les questions qu'on peut me faire sur Balsamo. Je n'en connais pas de meilleure.

Alexandre DUMAS.

» Ont signé avec moi, comme assistant à la séance et attestant la vérité de tout ce que je viens de dire, MM. A. MAQUET, A. ESQUIROS, BARRYE, etc. »

Cette curieuse séance vint renforcer les convictions qui s'étaient formées de la lucidité de ma somnambule, dans l'esprit de plusieurs personnes présentes à une première soirée de ce genre, une vingtaine de jours auparavant, dans les mêmes salons. Il y eut alors des faits si satisfaisants, que je ne puis résister au désir de vous en citer quelques-uns :

Alexis lut, à travers un matelas de papier, le mot *Armance*, écrit par Mme. la comtesse d'Ash.— Le somnambule dit aussitôt qu'il y avait quelqu'un dans le salon à qui ce nom s'appliquait ; alors il toucha successivement la main de chacune des dames qui l'entouraient, et désigna celle dont le petit nom est en effet *Armance*. Il fit encore bien des jolies choses ; mais il y est trop habitué pour que j'en cite davantage.

Mlle. Virginie fut mise en rapport avec la maîtresse de la maison, à qui elle fit le portrait de son mari, officier supérieur, qui se trouvait alors loin de Paris ; elle dit qu'il arriverait *tel* jour, et nous avons su depuis que cette prévision était juste. On apporta alors sur les genoux de la somnambule plusieurs petits portraits encadrés qu'on posa sur la face, de façon qu'elle n'en pût voir que le dos des cadres, et on lui demanda si parmi eux se trouvait celui du personnage dont elle venait de parler. —Oui, répondit Mlle. Virginie, je le vois ; mais le costume dont il était vêtu quand on l'a peint était bien différent de celui qu'il porte actuellement. Tenez, voici son portrait ; — et elle releva précisément le petit tableau représentant M. le vicomte de Saint-Mars.

Après cela, on lui demanda quelles étaient les occupations d'un Monsieur qui lui présenta sa main à toucher. — Il écrit, il compose, dit la somnambule ; mais il n'écrit pas avec une plume, il se sert presque toujours d'un crayon à dessiner. — M. de Saint-Georges (c'était lui que touchait la somnambule) déclara qu'il se servait habituellement d'un crayon de dessinateur pour écrire ses pièces de théâtre. — Enfin, Mlle. Virginie, tenant encore la main de M. de Saint-Georges, lui fit l'exacte description de son cabinet de travail, désigna les meubles qui s'y trouvent, indiqua la place respective de chacun d'eux, dit la couleur et la nature de l'étoffe qui les couvre, et prit elle-même la pose habituelle de ce Monsieur, lorsque, s'appuyant sur son bureau, il songe à une composition.

—Monsieur, me demanda la duchesse, est-il vrai, comme quelques personnes l'affirment, que le magnétiseur exerce sur celui qu'il a soumis à son action magnétique un pouvoir tellement absolu que le sujet doive nécessairement lui obéir, être son esclave obligé ?

—Non, Madame, le sujet n'est soumis à la volonté de son magnétiseur que d'une manière relative, mais non absolue. Ainsi, lorsque le sujet est d'abord consentant, il lui obéit comme un automate obéit à celui qui met en jeu le mécanisme dont il est pourvu ; mais lorsque le magnétiseur exige de lui des actes contraires à ses vues, il peut résister et lutter comme il le ferait dans son état normal. Le sujet mis en somnambulisme par une personne quelconque est, je vous l'assure, loin de perdre son libre-arbitre, il a même, très-certainement, quand il le veut, une énergie dont il serait incapable dans son état ordinaire de veille.

Cependant, il en est des rapports qui peuvent s'établir par le Magnétisme, comme de tous ceux qui s'établissent dans les autres conditions de la vie sociale : Le magnétiseur peut exercer sur son sujet une influence plus ou moins grande, comme le peut faire le médecin sur son malade, le professeur sur son élève, l'avocat sur son client, le

magistrat sur son justiciable, le prêtre sur
son pénitent.

Pour moi, j'ai à cet égard des convictions
profondes, basées sur les observations qu'une
longue expérience m'a mis à même de faire.
Je puis affirmer, en outre, que si le magnétiseur a parfois une certaine influence sur ce
sujet, celui-ci peut, à son tour, influencer
son magnétiseur.

Je pourrais vous citer bien des exemples de
l'influence exercée par les sujets sur leurs
directeurs. En voici un, connu de tout Paris,
et dont vous-même, Madame, connaissez les
personnages :

LE PRINCE GRÉGOIRE DE STOURDZA ET Mme LA
COMTESSE D'ASH.

En 1844, j'avais pour disciple M. le prince
Grégoire de Stourdza, fils du prince régnant
de Moldavie. Ce jeune homme, de haute sta-
ture, fortement constitué, doué d'une grande
énergie, et très-apte aux études philosophiques, suivait avec une assiduité, rare de la
part de ses égaux, et les séances particulières
dans lesquelles j'exposais et développais ma
doctrine du Magnétisme, et les séances publiques où je produisais le somnambulisme,

pour me livrer à des expériences de nature à convaincre mes spectateurs de la réalité de certains effets incessamment contestés par quelques prétendus savants, qui ne veulent point admettre ce qu'ils n'ont pas vu, et qui ne veulent point voir ce qu'ils ont intérêt à repousser.

J'avais alors plusieurs somnambules à ma disposition.

Le jeune prince, déjà imbu des préceptes de la philosophie allemande, aimait à examiner les divers états de mes différents sujets, et, il est juste de le dire, personne mieux que lui ne savait apprécier à leur valeur les effets qui se produisaient dans telles ou telles conditions. Soumis volontiers aux principes que j'avais l'honneur de lui enseigner, il n'exigeait des somnambules que ce qu'ils pouvaient offrir, chacun selon son degré de lucidité, et sa capacité plus ou moins étendue, plus ou moins spéciale. Loin de courir curieusement à la recherche des faits les plus extraordinaires, il attendait avec patience qu'ils se présentassent à lui. Il semblait même avoir une sorte de prédilection pour les phénomènes qu'on obtient le plus communément.

Dans les essais pratiques auxquels le prince se livrait quotidiennement sous mes yeux, je le voyais avec bonheur obtenir facilement les effets que j'avais prévus, annoncés d'avance, sur la simple inspection phrénologique des individus qui se présentaient comme sujets d'expérimentation. C'est dans ces essais noviciaux que le prince produisit le somnambulisme, d'abord sur l'un de mes domestiques, jeune homme de vingt-trois ans, qui fut fréquemment l'objet de nos études.

François (tel est le nom de ce domestique), se montrait extrêmement affectible. Peu d'instants suffirent, dès la première séance, pour le plonger dans le sommeil magnétique le plus complet, et pour déterminer chez lui la crise de somnambulisme lucide. Toutefois, la lucidité de cet homme se trouva assez restreinte, et ne sortit presque jamais d'une spécialité pour laquelle l'individu nous parut être né; car, beaucoup plus instruit que ne le sont les valets, en général, il s'était cependant attaché à cette condition, par une vocation sans doute irrésistible. Aussi sa spécialité de vision le portait-elle à connaître tout ce qui était relatif à son emploi, à pénétrer les intentions et à scruter les actions de ses pareils dont il faisait souvent une critique assez méchante. A la vérité, ce n'était pas seulement dans l'état de somnambulisme que François

se montrait peu charitable, et cet état n'était
pour lui qu'un moyen d'investigation, servant
selon son caractère les petites passions auxquelles il se laissait aller. Ainsi, quoique l'of-
fice fût située assez loin de mon cabinet, où
nous le magnétisions ordinairement, il voyait,
dans ses accès, tout ce qu'y faisait ma cuisi-
nière ; et, quand la pauvre fille commettait la
moindre peccadille, il me la dénonçait sans
pitié, jouissant de la peine qu'il supposait devoir en revenir à sa co-servante.

Un jour que le prince m'avait fait l'honneur
d'accepter à déjeuner chez moi, François,
magnétisé plus tôt que de coutume, s'écria
tout-à-coup, dans son somnambulisme : Ah !
mon Dieu ! mon couvert n'est pas dressé ! Et
le voilà qui se lève spontanément, marche
vers la salle à manger, arrange sa table, y
place la vaisselle, les cristaux, le couvert enfin, de la manière la plus complète, la plus
symétrique ; tout cela, sans casser, sans
heurter la moindre chose, et avec une dexté-
rité dont je pense qu'il eût été incapable pendant son état de veille. A peine fût-il revenu
avec nous dans mon cabinet, qu'il nous dit :
Je n'avais pas besoin de tant me hâter, la cui-
sinière vient de laisser brûler un mets qu'il
lui faut remplacer, et vous ne déjeunerez pas

aussitôt que cela devait être. Le prince, voulant vérifier le fait, alla à la cuisine, et fut convaincu que François ne s'était point trompé. Mais comme il s'était aperçu déjà plusieurs fois des motifs qui dirigeaient la conduite de François, il voulut le punir de son peu de bienveillance. Etant donc revenu près du somnambule, il l'excita d'abord un instant à parler dans le sens des pensées dont il le savait animé, puis, tout-à-coup, il frappa de paralysie l'appareil qui servait si malicieusement le somnambule envieux.

Rien n'est plus curieux à examiner, pour l'observateur philosophe, que ce singulier état de paralysie, produit momentanément sur une partie déterminée de l'organisme ou même sur toute l'économie animale. Certains sujets sont, à la vérité, inaccessibles à cette crise ; d'autres, après l'avoir subie, peuvent, par une opposition mentale, s'y soustraire plus ou moins complétement ; mais François, encore tout nouvellement somnambule, y fut pris tout aussi fort que le voulut son magnétiseur.

L'état dans lequel François venait d'être mis le contrariait visiblement. Jamais mimique ne fut plus expressive que celle qu'il employa pendant le temps qu'il convint à son

magnétiseur de le tenir sous le joug qu'il lui
avait imposé. C'étaient des gestes de suppli-
cation, de repentir, de promesses, de regrets,
d'espérance, de désolation, signifiant tour-à-
tour les sentiments divers dont il voulait per-
suader le prince. Qui a vu Mme. Volnys
(Léontine Fay) dans *Yelva* ou l'*Orpheline
Russe*, ne peut encore se faire une idée complète des ressources immenses que sait trouver un somnambule saisi de mutité, pour obtenir ce qu'il désire de ceux qui l'environ-
nent.

Quand le prince eut jugé que la leçon était
suffisante, il réprimanda oralement le somnambule, et lui rendit l'usage de la parole.
Celui-ci alors, renouvela de la voix ce qu'il
avait dit du geste; et, depuis lors, il se montra plus charitable, même durant son état de
veille.

Une telle observation, observation qui s'est
offerte des milliers de fois aux magnétiseurs
praticiens, ne devrait-elle pas être prise en
considération de la part de nos grands philan-
thropes, de nos moralistes dévoués ? Ne vaudrait-il pas mieux, dans l'intérêt de la société tout entière, recourir au Magnétisme
comme moyen d'éducation, pour modifier les
penchants mauvais de certains individus, sur

le crâne desquels Gall nous a appris à lire les
facultés et les instincts ; ne vaudrait-il pas
mieux cela, dis-je, que de laisser grandir
chez les jeunes gens, chez les enfants surtout, les passions les plus funestes, les plus
pernicieuses ?... Mais il y a sur ce point tant
de choses à dire, que si je les exposais à présent, cela m'éloignerait trop de mon sujet.

François fut encore magnétisé plusieurs
fois par le prince, qui devint en peu de
temps aussi bon praticien qu'il était devenu
fort théoricien. C'est après ses études sur
François, que le prince eut occasion de magnétiser, sans mon assistance, dont il n'avait
plus besoin, une jeune personne qui, m'a-t-
il dit, lui a fourni toutes les preuves désira-
bles en faveur de ma doctrine. Cette jeune
personne, appartenant à une famille distin-
guée, dont le nom est célèbre dans les fastes
de notre histoire (Mlle. Latour-d'Auvergne,
âgée alors de onze à douze ans), ne voulut
point montrer publiquement les rares facultés
que le Magnétisme avait réveillées en elle.

C'est là, selon moi, une des choses les plus
déplorables pour la science, que ce préjugé
singulier dont les honnêtes gens subissent
l'influence, plutôt que de se rendre utiles à
leurs semblables en mettant au grand jour

les preuves d'une vérité dont ils souhaitent pourtant le crédit.

Quoique le prince eût alors acquis un degré d'instruction suffisant pour pouvoir se passer de mes soins désormais, il n'en continua pas moins de suivre quotidiennement, et ma clinique médico-magnétique, et les études de somnambulisme auxquelles je me livrais, soit dans l'intérêt de mes malades, soit pour ma propre satisfaction. Le prince ne se lassait point de voir magnétiser mes sujets. Il se montrait joyeux toutes les fois qu'un malade entrant à mon traitement voulait bien se laisser magnétiser par lui, et il était au comble du bonheur quand il parvenait à soulager le patient dont il avait obtenu la confiance.

Dans ce temps-là, je recevais très-fréquemment la visite de Mme. la comtesse d'Ash (vicomtesse de Saint-Mars), qui, pour s'éclairer sur des questions que je ne dois point révéler, avait souvent recours aux lumières somnambuliques de l'une de mes somnambules dont les conseils lui furent toujours utiles.

Un jour, que j'avais réuni un petit nombre de personnes dans mon salon, pour observer quelques faits curieux, Mme. la comtesse d'Ash et le prince Grégoire de Stourdza lièrent conversation. Mes expériences termi-

nées, le prince me témoigna le désir qu'il
avait de magnétiser la dame avec qui il venait
de causer, et dont il ignorait encore le nom,
que je lui appris. Un instant après, Mme. la
comtesse vint me demander de la magnétiser,
et de faire en sorte de la rendre somnambule.
J'étais fatigué, je ne voulais point refuser la
comtesse, je souhaitais d'être agréable au
prince, je proposai donc à l'aimable dame de
se laisser magnétiser par mon disciple. Elle
accéda sans peine à ma demande, et immédiatement la magnétisation commença.

Je réclame de vous, Madame, pour ce qui
va suivre, toute l'attention dont vous êtes capable. Il y a, du fait principal qui sera établi
tout-à-l'heure, une conséquence si positive à
tirer, à l'appui de ce que j'ai avancé à l'occasion des influences réciproques du magnétiseur et du magnétisé, que je crois de la plus
haute importance de vous en faire faire la re-
marque. Je vous prie aussi de me rendre la
justice de croire que j'ai gardé, sur toute
l'histoire de M. le prince de Stourdza et de
Mme. la vicomtesse de Saint-Mars, la plus sévère discrétion, tant que cette histoire n'a
pas été éventée; mais aujourd'hui, que tous
les journaux en ont publié la majeure partie,
je ne crois pas déroger à la sainteté de ma

3**

profession en produisant au grand jour les
événements curieux auxquels la magnétisation de la noble dame a donné naissance.
Bien loin donc de regarder comme une faute
de conduite de ma part la narration qui va
suivre, je crois qu'il est de mon devoir autant
que de mon droit d'exposer et de publier telle
qu'elle est cette petite histoire si remarquable
pour notre époque, nos mœurs et notre légis-
lation. Ce sera, à mon avis, un nouveau service que j'aurai rendu à la science que je dé-
fends, et à la vérité que j'aime.

Le prince magnétisa donc Mme. de Saint-
Mars et la mit en somnambulisme. Dès que
cette crise fut arrivée à un certain degré de
développement, la comtesse nous débita des
vers charmants, faisant allusion à l'état nouveau dans lequel elle se trouvait. Ces vers,
sortis de la bouche gracieuse et spirituelle de
la comtesse, et que je regrette de n'avoir pas
recueillis, nous essayâmes de les lui rappe-
ler, en partie du moins, une fois qu'elle fut
rendue à l'état de veille. Elle nous affirma
ne les point connaître, ne les avoir jamais
lus ni composés. Nous conclûmes de cette
assertion que, comme tant d'autres somnambules, la comtesse avait eu un sublime
moment d'inspiration dans lequel elle avait

improvisé ce que nous venions d'entendre.

Quelques autres magnétisations suivirent quotidiennement cette première séance. Le prince, en chevalier galant, ne tarda pas à offrir à la comtesse de l'aller magnétiser chez elle, afin de lui éviter la peine de se rendre chaque jour chez moi. La comtesse ne se fit pas prier, elle accepta sans façon. Je dois même dire ici que ses mines charmantes avaient dû enhardir le prince dans sa demande. A dater de ce temps, les visites du prince à la comtesse ne furent point négligées ; bientôt le magnétiseur et la somnambule éprouvèrent l'un pour l'autre une telle sympathie qu'ils passaient ensemble les jours entiers sans s'apercevoir de la durée des heures, sans que l'ennui vînt jamais oppresser leur poitrine.

Le monde qui, dans ses suppositions malveillantes, court toujours plus vîte que les faits, exerça sa critique sur le comte du prince et de la comtesse. On dit que leur liaison était plus qu'amicale ; et, comme cela arrive toujours dans de telles conditions, les amis de l'un, d'une part, les parents de l'autre, d'autre part, cherchèrent à rompre le lien, quel qu'il fût, dont le prince et la comtesse éprouvaient la douceur. Les bons amis, les bons

parents, à qui l'on résistait, recoururent, selon l'usage, à tous ces louables petits moyens
de lettres anonymes peu flatteuses, de confi-
dences universelles, de révélations peu bien-
veillantes ; enfin, on alla jusqu'à faire écrire
au prince régnant pour l'informer de la pré-
tendue conduite de son fils ; et rien ne fut
négligé pour faire savoir à M. le vicomte de
Saint-Mars les faiblesses supposées de sa
femme.

Quant à la comtesse, qu'une longue expérience des hommes et des femmes surtout
avait appris à estimer la société à sa juste valeur, elle s'inquiéta peu des propos de l'envie, elle traita le monde en sage philosophe,
et n'eut pour lui que le dédain et le mépris
dont sont seulement dignes les gens qui se
plaisent à médire d'autrui.

Pour le prince, trop jeune encore pour se-
couer spontanément le joug des sots préjugés,
il se laissa bientôt aller à un chagrin qu'il
n'avait pas prévu. Néanmoins, il lui fallut peu
de temps pour revenir à son état normal ; et,
aidé des conseils d'un homme en qui il avait
sagement placé sa confiance, il ne se laissa
pas vaincre par les tracasseries qu'on avait
voulu lui susciter.

L'opposition, je l'ai dit bien des fois, est,

pour certaines natures, un stimulant infailli-
ble. Le prince et la comtesse ont confirmé la
justesse de cette formule. L'un et l'autre per-
sistèrent à se voir d'autant plus intimement
qu'ils rencontraient plus d'obstacles, et peut-
être ces obstacles mêmes les portèrent-ils à
justifier une partie des suppositions que le
monde avait faites à leur égard.

Tel est souvent le caprice du destin que les
âmes pures et chastes, attirées irrésistible-
ment l'une vers l'autre par une sympathie
tout harmonique, se trouvant satisfaites de
goûter ensemble les joies nobles et saintes du
bonheur spirituel, sans songer aucunement à
des rapports sensuels dont rien encore n'a
éveillé les désirs ; que ces âmes, dis-je, abaissées vers les choses de la terre par les mé-
chants propos d'un monde infernal, oublient
leur dignité, en s'abandonnant à des plaisirs
matériels dont les suites sont quelquefois bien
pénibles, bien malheureuses. ·

Ce qui se passa pendant plusieurs mois entre le prince et la comtesse, Dieu le sait !....
Quant à moi, j'ai toujours eu pour principe
de respecter le boudoir et l'alcôve, et j'espère
bien agir toute ma vie avec la même réserve.

Un an environ après le jour où le prince
avait magnétisé pour la première fois Mme. la

comtesse d'Ash, il fut rappelé par son père,
et ce rappel fut une sorte de disgrâce à laquelle, du reste, il s'était attendu. Une sépa-
ration fut la conséquence forcée de l'acte sou-
verain parti de Moldavie ; mais cette sépara-
tion n'eut lieu qu'après les promesses les plus
vives, les protestations les plus formelles, les
serments les plus solennels : le prince s'engagea
à donner son nom avec sa main à sa chère
comtesse, celle-ci promit de l'aller rejoindre
au pays des Boyards. . . . .
. . . .

Le prince parti, la comtesse se retira à la
campagne, en attendant que les circonstances, devenues plus favorables, permissent à
son futur époux de l'appeler près de lui. C'est
dans les quelques mois de retraite qu'elle
passa dans l'attente, qu'elle écrivit ses derniers ouvrages. Cependant elle recevait du
prince de fréquentes nouvelles ; et comme
rien au monde ne donne plus de courage
pour supporter les ennuis auquel on est en
proie, que l'espérance d'un meilleur avenir,
la comtesse attendait avec résignation l'appel
de son amant. Le prince se réhabilita dans
l'esprit de son père, lui fit part de ses desseins, et obtint, à force de persévérance, une
permission de mariage pour deux ans plus

tard. Le prince régnant faisait observer à son fils que, trop jeune encore pous se marier, il lui serait plus convenable de laisser s'écouler deux années avant de former une union matrimoniale, que de s'unir dès-à-présent à une femme étrangère, sur les mérites de qui il devait réfléchir.

Il est probable que par cette concession apparente au vœu de son fils, le prince régnant n'avait d'autre but que de se ménager le temps nécessaire, selon lui, pour effacer de la pensée du prince Grégoire jusqu'au souvenir de la comtesse d'Ash. Si peu de gens, en effet, ont une longue persistance dans leurs desseins que, lé plus ordinairement, le temps amène chez eux l'indifférence et l'oubli. Toutefois, il y a des êtres organisés si différemment de ceux-là, que plus le temps marche, plus leur pensée prend un caractère profond. L'objet de cette pensée spéciale devient celui de leurs songes de tous les jours, de toutes les heures ; leur sommeil même en est constamment rempli, et ils emportent outre-tombe l'espérance de se réunir à l'idole qu'ils n'ont pu cesser d'adorer.

Le prince Grégoire, impatient de revoir la comtesse, imagina un moyen pour se réunir plus promptement à elle. Il lui écrivit de se rendre en Allemagne, où il se trouverait à son arrivée, et il lui fit connaître que là, un minis- tre de sa confession et de son choix , à lui, consacrerait leur union , selon les usages de la Moldavie.

La comtesse , mariée à un officier supé- rieur de l'armée française, lequel est encore en activité de service , éprouva, dit-on, quel- que appréhension à l'approche du moment où une disposition nouvelle allait se décider pour son avenir. Néanmoins , son amour pour le prince, pour son cher Rodolphe , comme elle l'avait surnommé , l'emporta aisément sur les considérations ridicules dont tant d'existences sont brisées ; elle suivit la voix de son cœur, et après avoir mis ordre à ses affaires , elle quitta la France pour peut-être n'y jamais rentrer.

Aujourd'hui , l'ex-comtesse s'appelle prin- cesse de Stourdza, et se trouve heureuse, quoique bigame, au milieu d'un pays où les lois , différentes de celles qui nous régissent, ne condamnent point à un esclavage indisso- luble la grande dame qui ne sympathise plus avec le mari que des circonstances, souvent bizarres , ont rendu en quelque sorte l'arbitre de son sort.

Depuis son nouveau mariage , la princesse

Grégoire de Stourdza a écrit à un de ses amis
une lettre publiée par les journaux de la capitale, et dont voici la reproduction :

« Perimi, le lundi 12 Mai.

» Ceci est un billet de faire part, mon cher
» comte ; vous voudrez bien le recevoir comme
» tel d'une ancienne amie, et j'espère qu'il
» vous fera plaisir. Le roman a eu son dénoue-
» ment prévu : je suis aussi heureuse que pos-
» sible ; j'ai un magnifique avenir, un mari
» dont le seul défaut est d'être trop beau et
» trop jeune ; tout cela me semble un rêve.
» J'ai changé ma vie d'isolement et de cha-
» grin contre un bonheur véritable ; mes amis
» le comprendront, et seront les premiers à
» m'en féliciter. Le prince régnant n'a pas
» encore pardonné à son fils ce mariage qu'il
» avait remis à deux ans, tout en y ayant con-
» senti néanmoins. Nous sommes exilés de
» Jassy, de la cour, dans cette terre où nous
» nous trouvons à merveille. Un autre jour,
» je vous conterai ce pays, ses mœurs et sa
» vie étrange ; aujourd'hui cette lettre est
» presque officielle et de cérémonie. Le seul
» nuage à notre bonheur, c'est la colère de
» S. A. S. Nous serions, le prince et moi,
» profondément affligés si nous n'avions pas

» l'espoir de l'apaiser un jour. La mère du
» prince est excellente pour moi ; elle est déjà
» venue nous voir deux fois depuis dix jours
» que nous sommes mariés. J'ai trouvé aussi
» une grande sympathie dans la société et la
» noblesse de Moldavie. Tout cela me fait
» espérer que mon beau-père nous accordera
» enfin son pardon que nous désirons si vi-
» vement.

» Princesse G. Stourdza. »

Depuis la publication de cette lettre, les
journaux ont annoncé que le prince régnant,
ayant réuni les prêtres grecs en conseil sou-
verain, avait obtenu d'eux la cassation du mariage contracté sans son approbation.

Voyez, à présent, Madame, la conséquence
à tirer de la chaîne des événements que je
viens de vous mettre sous les yeux.

Mais demandez à la plupart des gens pourquoi ils s'élèvent avec force contre la science
magnétologique, dont ils ne savent seulement
pas l'A B C D? Ils vous répondront, les cagots
surtout, que le Magnétisme est l'œuvre du
démon, que les magnétiseurs sont les suppôts
de Satan, et que toute femme qui consent à
se laisser magnétiser est perdue corps et âme.
La femme magnétisée, vous diront-ils, est

absolument soumise à la volonté de son magnétiseur, à ce point qu'elle obéit irrésisti-
blement à ses moindres désirs. Tout magnétiseur étant animé de l'esprit du diable, les
pensées les plus obscènes germent incessamment dans sa tête, et le moins immoral de ses
actes, c'est la séduction dont il rend victime
la femme imprudente qui s'est confiée à lui.
Certes, ajoutent-ils, mieux vaut laisser mou-
rir impitoyablement sa femme, sa sœur, sa
fille, que de chercher pour elles, en cas de
maladie, des secours dans le Magnétisme.

Et bien! je l'ai crié tout haut, de telles suppositions sont aussi absurdes qu'elles sont ca-
lomnieuses. Si l'on a vu des personnes magné-
tisées céder à des soi-disant magnétiseurs,
c'est qu'elles y eussent consenti volontiers,
sans aucune influence magnétique, propre-
ment dite. Non, ce n'est point la magnétisation qui fait naître des désirs sensuels, qui
excite les passions, qui subjugue les volontés.
Ceux qui élèvent de telles prétentions n'ont
point étudié le Magnétisme, ou, s'ils l'ont
étudié, ils sont loin de le comprendre. La
soumission du magnétisé au magnétiseur n'est,
je le répète, que relative, elle n'est point absolue. Le magnétisé conserve son libre-arbitre, suffisamment du moins, pour s'opposer

fermement à l'accomplissement des actes nuisibles à sa santé, contraires à ses pensées, à sa volonté. Je n'entends pas dire qu'une somnambule ne cédera jamais aux instances de son magnétiseur, loin de là; mais je soutiens que sa condescendance n'est pas due à l'état dans lequel il se trouve. L'individu dont l'esprit est stimulé par une passion vive, trouve dans son imagination des ressources d'éloquence, des moyens de persuation tout-à-fait indépendants de la science magnétologique. De tous temps, en tous lieux, dans toutes les classes, il s'est trouvé des séducteurs, ignorant jusqu'au mot Magnétisme; ces gens-là sont en aussi grand nombre aujourd'hui qu'autrefois, et, tant que la terre tournera, ils seront dans la même proportion.

L'histoire de M. le prince Grégoire de Stourdza et de Mme. la comtesse d'Ash a corroboré les preuves que j'avais acquises déjà du peu de fondement de cette prétention :

« Le magnétisé est l'esclave absolu du magnétiseur »; car, selon moi, c'est là tout le contraire qui est arrivé.

Qui pourrait croire, en effet, que le prince de Stourdza, jeune, beau, instruit, riche, comblé d'honneurs, entrant à peine dans le monde, ait séduit la comtesse d'Ash, qui, ayant presque le double de son âge, vivant dans les salons de Paris, au milieu de toutes les fourberies de la société, écrivant habituéllement des romans très-hardis, et se trouvant dans des conditions de fortune peu en rapport avec la richesse du prince, avait bien plus à recevoir qu'à donner?... Ce n'est pas vous, n'est-ce pas, Madame.... ni moi non plus !

Si donc il était soutenable de prétendre qu'un magnétiseur oblige son magnétisé à subir le joug de sa volonté quelle qu'elle fût, il ne le serait pas moins d'affirmer que le magnétisé commande en maître absolu à son propre magnétiseur. Mais comme la seconde proposition détruirait logiquement la première, il faut s'en tenir à la sage raison, et demeurer convaincu que la science magnétologique elle-même n'est pour rien dans tout cela, pas plus qu'un dîner, une partie de campagne, un spectacle, une soirée où se rencontrent, se parlent et se plaisent réciproquement des personnes de sexe différent.

Madame la Duchesse, satisfaite de la séance, me pria de lui envoyer le soir même tous mes ouvrages sur le Magnétisme, afin de compléter son instruction dans une science aussi attrayante qu'elle est utile.

4

OBSERVATIONS

ET FAITS DIVERS.

———•◦◦◦•———

Le nommé Pierre Gaubri fut conduit près de moi à La Rochelle, à l'époque où j'y faisais un cours de Magnétisme. Cet homme, âgé de quarante-cinq ans environ, et d'une constitution robuste, était depuis plus de deux ans frappé de paralysie de tout le côté droit. Il faisait une belle journée d'été ; je me promenais dans le jardin de la maison que j'habitais avec quelques-uns de mes élèves les plus désireux de s'instruire. Je fis entrer le malade dans la salle du cours, et là, en moins d'une heure et demie, j'opérai la guérison de ce pauvre homme, qui, voyant qu'il pouvait marcher sans gêne et mouvoir aisément tous ses membres, demeurait ébahi chaque fois que je le regardais.

———————

Mme. B..., du département de la Charente, veuve d'un officier dont les mœurs avaient été très-relâchées, s'était soumise, depuis quinze à seize ans, à tous les traitements que ses divers médecins avaient jugé à propos de lui prescrire pour la délivrer d'une maladie affreuse que son mari lui avait communiquée. Elle avait souvent éprouvé du soulagement ; mais la guérison tant désirée et si souvent espérée n'arrivait point. Elle vint me confier sa position et me prier de la traiter à mon tour. J'eus le bonheur de la guérir radicalement, en deux mois, sans autre moyen que le Magnétisme et l'eau magnétisée administrée en abondance, soit en lotions, soit en bains, soit en irrigations, soit en lavements, soit en boisson. J'ai revu cette dame deux ans après avoir cessé toutes magnétisations : elle était d'une fraîcheur et d'un embonpoint extrêmes, et elle m'assura qu'elle n'avait plus rien aperçu de sa maladie, depuis que je l'avais quittée.— Cette dame ne fut jamais somnambule.

Une pauvre femme appelée Marguerite Brun, frappée de cécité depuis deux ans, par suite d'une amaurose, me fut présentée par un de mes élèves. En moins de dix minutes je la mis en somnambulisme. Dès sa première séance, elle vit très-bien comment j'étais vêtu, mais cette vision là n'était point

due à une amélioration notable du sens de la
vue, car une fois rendue à l'état de veille elle
n'y voyait pas mieux qu'avant la séance. Un
mois de traitement lui a rendu l'usage de l'organe dont elle était privée. L'eau magnétisée
et le Magnétisme direct furent les seuls
moyens employés.

M. Bénèche, d'Angoulême, était affecté
depuis dix ans d'une névralgie frontale, qui
lui rendait l'existence insupportable. Fatigué,
lassé par les remèdes de la médecine ordinaire, il vint me prier de le guérir. Quarante
jours ont suffi pour le délivrer entièrement
de sa maladie, sans autre secours que l'eau
magnétisée et le Magnétisme.

Mlle. ***, affectée d'une chlorose depuis
plus de trois ans, ayant perdu l'espoir de
guérir par les remèdes connus dont elle avait
fait déjà un usage immodéré, me fut présentée par une personne amie du Magnétisme.
Dès la première séance, j'obtins le somnambulisme ; la malade se prescrivit seulement
de l'eau magnétisée pour boisson ; des pédi-
luves d'eau magnétisée, et le Magnétisme à

grands courants. Un mois et demi m'a suffi pour lui rendre la santé et la fraîcheur.

M. Simoneau, de la Rochefoucault, atteint d'un rhumatisme à l'épaule droite, contre lequel tous les moyens employés pendant dix-huit mois avaient complétement échoué, fut magnétisé par moi pendant quinze jours de suite. Les magnétisations et l'application constante d'un morceau de flanelle magnétisée chaque jour, l'ont guéri radicalement.

M. le docteur C..., en proie aux souffrances d'une orchite chronique, me manda près de lui à Bordeaux, et me pria d'essayer de le soulager. Il était au lit excessivement affaissé par la douleur.

Après la première magnétisation que je dirigeai principalement vers l'épididyme, il put se lever et marcher ; au bout de huit jours, quoique non radicalement guéri, il put entreprendre, dans le courrier, le voyage de Bordeaux à Paris, où des affaires d'une haute importance exigeaient sa présence.

M. Eugène Garrau, âgé de vingt-trois ans, frappé d'une hémoptysie qui désolait sa famille, désira être magnétisé par moi. Huit jours de traitement ont suffi pour le guérir.

———

Mlle. Berthet, âgée de vingt-six ans, atteinte d'une aménorrhée depuis plus de huit mois, voulut recourir au Magnétisme. Je lui rendis la santé en trois séances.

———

Le 30 Janvier 1839, M. Justin Cénac, âgé de vingt-six à vingt-huit ans, fils d'un haut magistrat du département du Gers, me fit appeler près de lui à l'hôtel Béchère, rue des Arts, à Toulouse, où il était descendu. Je le trouvai au lit extrêmement frappé de l'état maladif dans lequel il était alors. Je l'examinai et reconnus qu'il était atteint d'une cardialgie ; la face du malade était profondément altérée, sa voix, faible et chevrotante ; il avait la fièvre. Je lui demandai s'il éprouvait de fréquents maux de tête ? Oui, me dit-il, surtout lorsque j'ai des palpitations ; de plus, quoique j'aie appetit, je digère si péniblement le peu d'aliments que je prends, que je n'ose presque rien manger. Il y a cinq ans que j'ai été atteint de tous les maux qui m'accablent, et je vais toujours souffrant de plus en plus

cependant je n'ai rien négligé pour me guérir. Je me suis soumis aux médecins de mon
pays, à quelques-uns des plus réputés de
Toulouse et à deux des premiers de Paris, aucun n'a pu me procurer même un soulagement appréciable.

Pendant que le malade parlait, je conti-
nuais tacitement mon examen ; et comme je
m'assurai bien que le système nerveux était
principalement affecté, je lui donnai l'espoir
que je le guérirais, s'il se soumettait au Magnétisme. Il l'accepta, et je commençai le
traitement dès le lendemain.

Douze magnétisations ont suffi pour guérir
ce malade ; et en voici la preuve :

A M. RICARD, PROFESSEUR DE MAGNÉTISME,
A TOULOUSE.

« Monsieur, fidèle à la promesse que je
» vous ai faite avant de quitter Toulouse, je
» prends la plume aujourd'hui pour vous don-
» ner des nouvelles de ma santé et de mon
» voyage.

» Je suis en vérité bien redevable au Magné-
» tisme et à l'habileté avec laquelle vous l'avez
» dirigé, puisque je jouis maintenant d'une
» santé parfaite, moi qui, il y a un mois et

» demi à peine, étais si souffrant, si accablé!
» Inquiété par des douleurs et des battements
» de cœur depuis plus de cinq ans, batte-
» ments de cœur qui, à la vérité, me don-
» naient d'assez long relâches, mais qui re-
» venaient toujours avec une nouvelle inten-
» sité. Je ne sais pas en vérité ce que je
» serais devenu si je m'en étais tenu aux trai-
» tements des médecins que j'avais consultés.
» Les caractères nerveux que presque tous
» avaient reconnus à ma maladie, étaient
» pour eux un motif de ne rien m'ordonner
» pour la combattre ; et s'ils essayaient par-
» fois de quelque chose, c'était des antispas-
» modiques impuissants ou des saignées nui-
» sibles. Grâce au ciel, mon heureuse étoile
» m'a conduit vers vous, monsieur, et grâce
» à vos soins, à votre habileté, douze séances
» de Magnétisme, dont plusieurs très-légè-
» res, ont suffi pour rétablir en moi cet équi-
» libre normal si fortement ébranlé, et me
» rendre une santé parfaite. Depuis quinze
» jours que je suis en voyage pour exécuter
» votre dernière ordonnance, je cours, je
» grimpe des escaliers et des coteaux, sans
» éprouver la moindre oppression. Je mange
» bien, mes digestions ne me fatiguent plus ;
» et il ne me reste que deux choses à dési-

» ᴛer : continuation de santé pour moi, et
» confiance au Magnétisme pour ceux qui
» restent encore incrédules !

» Recevez, etc.

» *Signé :* Justin Cénac.

» Toulon, le 11 Mars 1839. »

Le 10 Juin suivant, je reçus de M. Justin
Cénac une lettre qui m'annonçait son mariage.

———

Le 26 Mai 1839, comme je sortais de chez
moi, un domestique me remit le billet ci-
après :

« M. le docteur *** prie M. Ricard de ve-
» nir au plus tôt chez Mme. la marquise de
» P***. Il l'obligera. »

J'accourus chez cette dame, que je trouvai dans un état alarmant ; elle était prise de
convulsions et se tordait dans les plus poignan-
tes angoisses ; sa raison l'abandonnait par
moments, il y avait délire. Je priai alors les
personnes qui l'entouraient de s'éloigner de
la malade et d'observer un silence religieux.
Je magnétisai pendant une heure ; et au bout
de ce temps, Madame la marquise fut calme,

reprit l'usage de sa raison et de ses sens, et eut assez de force pour me remercier.

Mme. G..., atteinte d'une pleurodynie, me fit appeler le 6 Juillet 1839, pour me prier de la soulager d'une douleur de côté accompagnée de toux et de difficulté de respirer. Je magnétisai cette malade dix minutes environ, et elle se trouva parfaitement bien. Depuis, rien de semblable à ce qu'elle éprouvait alors ne s'est manifesté chez elle.

M. l'abbé Pérès du Pinin, prêtre habitué de l'église du Taur, à Toulouse, me fut présenté le 4 Mai 1839, sous les auspices de M. le docteur ***, qui avait jugé incurable la maladie dont était frappé cet ecclésiastique; car il est de principe que l'épilepsie invétérée et habituelle ne peut se guérir. Or, M. l'abbé Pérès était atteint du mal caduc depuis quatorze ans et avait habituellement plusieurs attaques par jour. Il fallait donc, pour opérer sa guérison, l'emploi de moyens autres que ceux adoptés par la médecine ordinaire.

Je magnétisai M. l'abbé Pérès pour la première fois, le 5 Mai, à une distance de qua-

tre à cinq pieds ; à peine eus-je fait quelques
passes qu'il entra dans une crise d'où je ne le
retirai qu'une demi-heure après. Le lendemain et les jours suivants, j'agis de la même
manière, et j'obtins constamment les mêmes
résultats, à quelques légères modifications
près. Le 11 Mai, trois médecins distingués
de cette ville se rendirent chez moi à l'heure
où je magnétisais ordinairement M. l'abbé, et
me témoignèrent le désir d'assister à cette
séance. Ces messieurs se placèrent à un bout
de la salle, et moi je me mis à l'autre bout en
devoir d'opérer ; tous les effets que j'avais
produits dans les séances précédentes, je les
reproduisis successivement dans cette séance,
et à ma volonté. Ces messieurs convinrent que
la spontanéité avec laquelle je faisais passer
d'un extrême à l'autre ce malade, qu'ils con-
naissaient avant moi et bien mieux que moi,
ne leur laissait aucun doute sur ma puissance
magnétique et sur ma bonne foi. Alors, pour
renforcer encore leur conviction, et aussi
dans l'intérêt du malade, je plongeai ce dernier dans une syncope profonde, d'où je le
retirai à volonté et si subitement que ces
messieurs furent saisis d'épouvante. J'avais
lancé vers le patient une colonne de fluide
magnétique qui lui avait occasionné une se-

cousse électrique, à l'instant de laquelle il se
leva et se prit à courir par la chambre comme
un furieux, cherchant à battre et à mordre.
Je l'arrêtai aussitôt par une forte passe faite à
distance, qui le jetta contre terre sans mouvement. Cette séance, dont je ne puis donner
tous les détails, dura près de cinq heures.
Les médecins qui y assistaient affirmeraient
au besoin que tout ce que je rapporte ici n'est
que bien au-dessous de la réalité.

Je continuai à magnétiser chaque jour
M. l'abbé Pérès, jusqu'au 23 du même mois
de Mai, époque à laquelle il se trouva radicalement guéri, mais en convalescence. Depuis ce jour, le malade a été de mieux en
mieux, et n'a plus eu la moindre atteinte. Au
surplus, je suis autorisé à publier les lettres
qu'il m'a écrites, et que je conserve soigneu-
sement :

PREMIÈRE LETTRE.

A M. RICARD, PROFESSEUR DE MAGNÉTISME,
A TOULOUSE.

« Monsieur, vous ne devez pas être peu
» surpris de mon silence; mais j'espère que
» vous le serez moins quand je vous aurai
» fait connaître le *pourquoi*. Depuis la mi-

4*

» Juin que je reçus votre lettre du 11 du
» même mois, en réponse à la mienne, j'au-
» rais eu l'honneur de vous écrire, je vous
» aurais même adressé mes lentilles dépour-
» vues depuis plus d'un mois de tout fluide
» magnétique bienfaisant; mais je comptais,
» de semaine en semaine, faire le voyage de
» Toulouse, pour y accompagner une per-
» sonne qui me l'avait demandé avec prière ;
» voilà, Monsieur, l'unique cause du retard
» que j'ai mis à vous donner signe de vie.
» Cependant je dois avouer que si mon état
» l'eût exigé vous auriez eu de mes nouvel-
» les avant ce jour. Oui, Monsieur, mon état
» est tout-à-fait changé : je souffrais conti-
» nuellement, et je ne souffre plus ; j'a-
» vais tous les jours, et fort souvent plu-
» sieurs fois par jour, des accès d'atonie ac-
» compagnés le plus souvent et toujours
» suivis de spasmes et de contractions mus-
» culaires, et je n'en ai plus éprouvé depuis
» que je me suis soumis à votre salutaire
» traitement ; des crises nerveuses et de ca-
» talepsie, alors que je m'y attendais le
» moins, me traitaient comme leur proie, et
» elles n'ont plus d'empire sur moi ; ces di-
» verses crises (et c'est ce qui me faisait le
» plus de peine en revenant à moi) étaient

» suivies d'accès d'idiotisme (je crois que c'est
» le mot propre), état dans lequel je par-
» lais et j'agissais comme un imbécile; et,
» n'éprouvant plus de crises, je ne passe plus,
» par conséquent, par un état aussi déplora-
» ble. Je n'ai plus ni suffocations, ni op-
» pressions de poitrine, ni palpitations de
» cœur, les fonctions digestives qui se fai-
» saient fort mal se font bien. En un mot, et
» je serais injuste si je ne l'avouais pas, il y
» a de mon état présent à mon état passé une
» différence aussi grande que celle qui existe
» entre une nuit obscure et un beau jour. Ce-
» pendant je ne puis encore m'appliquer au
» travail; toutefois, je ne m'en étonne pas,
» après avoir tant et si long-temps souffert. Je
» ne souffre de rien, je puis manger et me pro-
» mener, moi qui souffrais tant, qui ne pouvais
» presque rien manger, qui étais si incommodé
» du peu de nourriture que je prenais, et qui
» avais bien souvent de la peine à passer de
» ma chambre dans celle de ma mère.

» Dans le but d'abréger le temps de ma
» convalescence, j'ai le projet d'aller passer
» quelques jours à Toulouse aussitôt que je
» le pourrai. Il me semble que quelques
» nouvelles séances, que votre bonté ne me
» refusera pas, me feront un très-grand bien.

(124)

» Je tiens d'un de mes confrères, apparte-
» nant au diocèse d'Auch, que le Magné-
» tisme est connu parmi le haut clergé de
» cette dernière ville depuis qu'un profes-
» seur du séminaire (M. A...,) s'est fait ma-
» gnétiser à Paris, et que l'affection dont il
» était atteint a disparu par le moyen du Ma-
» gnétisme.

» Je voudrais vous entretenir un peu plus
» longuement; mais je suis un peu fatigué et
» je termine ma lettre.

» J'aurai l'honneur de vous écrire sous peu
» de jours; en attendant, je vous prie d'a-
» gréer l'expression de ma vive reconnais-
» sance, et des autres sentiments avec les-
» quels j'ai l'honneur, etc. etc.

» *Signé :* Pérès du Pinin.

» Ce 5 Août 1839. »

DEUXIÈME LETTRE.

A M. Ricard, professeur de Magnétisme,
a Toulouse.

« Monsieur, ma santé se soutient, j'ai bon
» appétit, je dors bien, je me promène et je
» ne souffre de rien. Relativement à l'affaire
» malheureuse dont j'eus l'honneur de vous

» parler dernièrement, j'ai eu bien des tra-
» casseries et du désagrément, et rien n'est
» encore fini ; cependant, je n'ai pas eu un
» symptôme ni d'attaques de nerfs, ni de
» spasmes, tandis que ma mère en a eu de
» terribles.

» Voilà le Magnétisme éprouvé, ou plutôt
» votre puissance magnétique. Il y a six mois,
» un simple souvenir me tuait, et aujour-
» d'hui un grand désagrément ne me fait
» rien. Quelle puissance que la vôtre, Mon-
» sieur ! Vous m'avez enlevé un mal terrible
» et cruel ; vous avez été un ange pour moi,
» c'est-à-dire un envoyé du ciel ! Vous m'a-
» vez délivré d'une maladie autrement diffi-
» cile à guérir que la cécité de Tobie ; vous
» avez été assez puissant pour détruire en
» moi la racine du mal !... etc.

» Je vous prie d'agréer, etc.

» *Signé :* Pérès du Pinin.

» Le 5 Septembre 1839. »

Mais, m'objectera-t-on peut-être, vous
n'avez guéri M. l'abbé Pérès que parce que
vous avez frappé son imagination, et tout le
monde sait que les affections nerveuses peu-

vent être guéries ainsi ; eh bien, je consens,
si l'on veut, à ce que cela soit. Je suppose
que ce soit en agissant sur l'esprit que j'aie
guéri le corps, et que tout autre eût pu le
faire comme moi ; mais alors, dirai-je à mon
tour, pourquoi depuis quatorze ans que
M. l'abbé était atteint de cette maladie, aucun
des médecins qui l'ont traité n'a-t-il essayé
de ce moyen ? Ou tous ces messieurs sont des
êtres criminels et barbares, puisque pouvant guérir ils ne l'ont point voulu faire, ou
tous manquaient des connaissances nécessaires pour le traiter convenablement ; dans le
premier cas, il y aurait infamie, dans le second il y aurait ignorance profonde ! Voilà ce
que je pourrais dire. Cependant, il faut reconnaître, et j'aime à le penser, que nul ne
se trouve ainsi placé ; je crois sincèrement
que les médecins ont mis toute la bonne volonté possible à guérir ; que tous auraient
voulu opérer la guérison ; mais que, malgré
tout leur talent, toute leur science, ils n'ont
pu parvenir à leur but, parce que les moyens
que met à leur disposition la médecine ordinaire sont tout-à-fait impuissants pour combattre certaines affections. Et voilà pourquoi
les médecins consciencieux, qui agissent sans
prévention, se livrent aujourd'hui à la prati-

que du Magnétisme, pour l'employer lorsque la médecine hippocratique est insuffisante ou de nul effet.

Au surplus, les faits sont et seront toujours des faits, que ni les sarcasmes de l'envie ni la mauvaise foi du scepticisme ne pourront détruire.

LE JEUNE DAUBAS, DE ROCHEFORT.

—

M. Daubas, après avoir épuisé les ressources de la médecine ordinaire sans pouvoir obtenir pour son fils, âgé de treize ans, la guérison d'une surdité complète, voulut recourir au Magnétisme. Il me présenta son enfant, au milieu d'une séance publique, et, sur mon avis, consentit que le jeune malade fût magnétisé sur le champ. Cinq minutes suffirent pour obtenir le somnambulisme avec preuve de clairvoyance. Le sujet annonça que cinq ou six magnétisations suffiraient pour opérer sa guérison ; ce qui se réalisa admirablement.

Après quelques séances, le jeune Daubas arriva à un point extraordinaire de lucidité. Il n'était jamais sorti de Rochefort ; je le conduisuis mentalement à Paris : il me décrivit exactement les Tuileries, le Louvre, le Palais-Royal, la Bourse, etc. Je lui fis voir Anvers qu'il me retraça exactement; son exploration de la citadelle de cette Place fut extrêmement minutieuse; car, après m'avoir dit qu'un fleuve en baignait les murs d'un côté, que sur tel point se trouvait une brèche, sur tel autre, une autre, il me désigna l'endroit où se trouvait le mortier-monstre auquel je ne pensais pas moi-même dans le moment. Conduit de même à la bourse de cette ville, il dit qu'elle était bien différente de celle de Paris, et en donna l'exacte description. Un jour nous voulûmes essayer de le faire lire, je lui demandai s'il pourrait supporter sans gêne l'application d'un bandeau. — Pourquoi un bandeau? me répondit-il. — Afin que personne ne suppose que vous voyez comme tout le monde. — Eh bien! rien n'est plus facile à prouver : appliquez-moi le livre au milieu du dos. Nous le fîmes, et il lut. — Placez-moi un écrit sous le pied, sur la tête, où vous voudrez, je le lirai. Nous essayâmes, et il lut. M. le docteur S...., médecin de la marine, encore dans le doute sur le fait de transposition du sens de la vue ou division malgré l'occlusion des yeux, proposa une épreuve péremptoire ; un billet secrètement écrit par lui, cacheté par lui, fut placé par lui sous le pied du magnétisé, qui lut très-couramment le contenu.

Un autre jour, nous voulûmes savoir s'il comprendrait ce que nous lui dirions en langues qui lui étaient étrangères (nous savions qu'il n'avait fait aucune étude, si ce n'est d'apprendre à lire, à écrire, à compter un peu). M. S.... lui parla anglais ; il répondit juste à ce qu'on lui demandait, mais en français. Je lui adressai en latin, puis en espagnol, plusieurs questions auxquelles il répondit avec la plus grande justesse. Je le priai de me donner la traduction d'une phrase latine que j'articulai lentement et nettement, il me dit le sens, mais non la traduction littérale. Enfin, je lui citai un passage de Virgile qu'il ne put traduire, parce que, me dit-il, je ne songeais pas moi-même à la signification générale de la phrase. Toutefois, il reconnut que c'était de la poésie, car il se récria en ces termes : — Comment voulez-vous que je comprenne cette *musique?* vous la *chantez* sans y penser.

Daubas, comme plusieurs autres de mes somnambules , comprenait admirablement l'ordre qui lui était mentalement donné, soit par son magnétiseur, soit par les personnes qui étaient en rapport avec lui. Il n'était donc pas surprenant, d'après cela, qu'il comprît la pensée qu'on lui manifestait par un moyen quelconque, suffisant pour éveiller son attention et la stimuler; ainsi ce n'était pas le mot à mot qu'il comprenait, mais l'esprit de la phrase.

MARGUERITE, DE NIORT.

« Le 17 Mai 1836, un des élèves de M. Ricard ayant conduit au cours de ce professeur une fille nommée *Marguerite*, cette fille a été endormie en moins d'un quart d'heure. Le magnétiseur a établi sur son sujet l'insensibilité la plus complète, au point que lui ayant appliqué sous le nez un flacon d'ammoniaque concentré, bien reconnu tel par toutes les personnes présentes, il n'en a pas éprouvé le moindre effet.

» L'un des élèves lui a chatouillé les lèvres et les fosses nasales avec une barbe de plume, et lui a enfoncé à plusieurs reprises dans les joues la partie acérée de la plume ; le sujet n'a pas fait le moindre mouvement.

» Une chaise précipitée inopinément et avec violence par l'un des élèves de cette ville , ne lui a pas fait éprouver la plus légère sensation.

» Chacun séparément, et tous ensemble , lui ont crié, sifflé aux oreilles, sans pouvoir exciter en elle la moindre sensibilité.

» Mais le spectacle le plus curieux qui nous ait été révélé durant cette première séance, c'est que le sujet qui entendait son magnétiseur et lui répondait lors même qu'il parlait le plus bas possible, et qui se taisait aux questions de tout autre, répondait instantanément à chacun dès qu'il s'était mis en rapport avec lui, soit en le touchant, soit en touchant sa chaise ou quelque partie de son vêtement, soit même en touchant le magnétiseur ou quelque objet qui lui appartînt.

» Le 18, trois nouveaux sujets ont été conduits et endormis dans cette séance.

» La fille *Marguerite* a subi sa seconde expérience. Endormie en sept minutes , et après avoir subi les épreuves, elle a chanté des couplets qu'elle a dit à son réveil ne pas savoir, mais qu'à la vérité savait la personne avec qui elle était en rapport magnétique.

» Elle s'est prise à marcher, et a conduit son magnétiseur à travers une foule d'obstacles, dans plusieurs chambres et greniers d'une maison où elle n'était jamais venue. Un des élèves ayant, improvisément et avec force, jeté une chaise sur son passage, la somnambule, sans avoir tressailli le moins du monde, l'a ôtée de devant elle. Et comme l'élève s'est lui-même mis en obstacle au-devant d'elle, elle lui a fait signe de la main et lui a dit de se retirer. Une montre lui ayant été posée sur l'épigastre, elle a dit l'heure à quelques minutes près ; elle a chanté.

» Le 19, à cette séance, un phénomène exorbitant nous a plongés dans la stupéfaction la plus profonde.

» La fille Marguerite était endormie lorsque M. le docteur Bonnenfant s'étant présenté comme investigateur, a été mis en rapport avec elle. Cette fille, sur la demande de monsieur le docteur, a fait l'exacte description de sa maison de campagne, bien qu'elle ne fût jamais allée dans le lieu où elle est située.

» La même fille ayant prétendu, étant réveillée, n'avoir jamais dormi, et ayant demandé la preuve de son sommeil, M. Ricard a répondu : *Retirez-vous chez vos maîtres,*

et dans moins d'un quart d'heure vous au-
rez cette preuve.

» **A** peine dix minutes étaient écoulées
qu'on est venu en toute hâte chercher M. Ricard pour réveiller cette fille, qui avait été
endormie par la seule volonté de son magnétiseur.

» Étaient présents à cette expérience d'ho-
norables personnes étrangères au cours, et
notamment M. Vauguyon, agent de change.

» Le 23, la nommée *Marguerite* a décrit
plusieurs localités éloignées et qui lui étaient
tout-à-fait inconnues. Elle a indiqué à un
maître de fabrique la quantité d'ouvriers qu'il
y employait.

» Le 26, elle a désigné au docteur Assegond les malades qu'il avait visités dans la
matinée, en spécifiant le genre d'affection de
chacun ; puis, s'interrompant, elle a dit à
monsieur le docteur : *Vous-même vous souf-*
frez de l'estomac, et vous éprouvez un ma-
laise général. — C'est vrai dit M. le docteur.

» Une lettre lui ayant été présentée par
M. R***, avocat, elle lui a dit : *Cette lettre*
a été adressée à vous, et vient de Poitiers.
(Marguerite ne sait pas lire.) »

(Extrait du *Mémorial de l'Ouest*).

4**

LE JEUNE VICTOR, DE PARIS.

—

« Le hasard m'a conduit cet enfant dont l'affectibilité magnétique a surpris tant de personnes de haute intelligence. On sait que je me procure des sujets avec assez de facilité, parce que j'agis sans façon sur tous ceux qui se présentent. Un de mes élèves m'amena, un soir, quelques gamins du boulevard. J'en magnétisai quatre ensemble, je les endormis tous les quatre. L'un d'eux, le jeune Victor, entra en somnambulisme immédiatement, et comme il m'annonça qu'il était malade, je le séparai de la chaîne et ne m'attachai plus qu'à lui seul, laissant les autres magnétisés aux mains de mes aides.

» Lorsque j'eus calmé quelques mouvements convulsifs qui s'étaient manifestés, je demandai à cet enfant quelle était sa maladie ? — Dites mes maladies, me répondit-il ; car j'en ai deux :

» 1°. Je pisse au lit toutes les nuits sans m'en apercevoir, et même le jour il m'arrive souvent de sentir s'échapper mon urine sans que je puisse la retenir ;

2°. J'ai très-fréquemment des attaques de

nerfs qui me jettent par terre sans connaissance, qui me tordent les membres et le
corps, me font écumer la bouche et me lais-
sent ensuite comme un imbécile.

» — Puis-je vous guérir ?

» — Oui. Si vous voulez me magnétiser
pendant cinq jours, je pourrai me retenir de
pisser. Cette maudite urine ne s'en ira plus
malgré moi. Si vous me magnétisez pendant
un mois, je serai radicalement guéri de mes
deux maladies.

» Quatre jours plus tard, Victor me dit,
dans son somnambulisme, que si je lui faisais
boire coup sur coup trois verres d'eau magnétisée, il serait guéri de son incontinence d'u-
rine ; et qu'en continuant l'usage du même
moyen, il serait promptement guéri de son
affection nerveuse principale ; car, ajouta-t-
il, ces deux maladies sont dues à la même
cause.

» Je lui donnai les trois verres d'eau magnétisée, qu'il avala avec une avidité sans
égale.

» Dans la suite, il eut des crises nerveuses
cataleptiformes pendant son état magnétique ;
mais il devint si impressionnable dans l'intervalle de ses crises, que mon intention était
admirablement sentie par lui. Je lui deman-

dai s'il ne lui serait pas nuisible de parler
long-temps : — Non, me dit-il, je puis même
chanter si vous le voulez. Je lui proposai alors
de ne chanter que sur mon ordre mental et de
cesser de chanter sur un ordre pareil. Il me
dit qu'il le ferait. Et en effet, vingt fois au
moins nous avons éprouvé que dès que je lui
commandais volontairement de chanter, il se
mettait à le faire, s'arrêtait dès que je le voulais, et reprenait son morceau où il l'avait
laissé, dès que je lui ordonnais, toujours
mentalement, de continuer.

» Cet enfant était un des sujets les plus af-
fectibles que j'aie rencontré. Cent personnes
m'ont vu exercer sur lui dans l'état de veille
les mêmes influences que dans l'état magnétique ; et elles étaient senties avec plus d'in-
tensité peut-être. Ainsi, je le plaçais la face
contre la muraille, je me tenais à trois pas
derrière lui éveillé, une tierce-personne me
donnait le signal convenu pour que je le fisse
chanter, je prenais la volonté que cela s'exé-
cutât et il m'obéissait immédiatement. Quand
sur un autre signal je voulais qu'il s'arrêtât,
il obéissait encore, et si rapidement, que
toute idée de compérage tombait aux yeux des
plus sceptiques.

» M. le docteur Frapart, connu pour son extrême méfiance et son tact observateur , a été témoin et acteur dans plusieurs des expériences que j'ai faites avec cet enfant , et il est demeuré bien convaincu de la réalité des effets magnétiques que je viens de mentionner.

» La guérison totale de cet enfant , que j'ai perdu de vue , ne m'a pas été suffisamment démontrée pour que j'avance qu'elle a eu lieu comme il l'avait annoncé , bien que tout me porte à croire qu'elle a dû s'effectuer.

» Ce somnambule est aussi un de ceux qui ont cherché à me tromper en feignant le sommeil magnétique. Heureusement que depuis bien des années je me tiens constamment en garde contre la supercherie des sujets , et que je ne me suis pas laissé prendre à la feinte. Je lui ai même donné une sévère leçon pour le corriger de sa fourberie ; j'ignore si elle a porté ses fruits. »

NOTICE

SUR LE SOMNAMBULE

CALIXTE RENAUD.

———◦———

Calixte Renaud fut magnétisé, pour la première fois, dans un cours public, en présence de plus de quarante personnes considérables de la ville de Niort. L'opération fut un peu longue, en raison de la grande irritabilité du sujet, qui n'arriva au somnambulisme qu'une heure environ après le commencement des passes magnétiques dirigées vers lui, d'une distance de quatre à cinq pas.

Dès que le somnambulisme se fut manifesté, il fallut agir avec beaucoup de ménagements, car Calixte était tellement affectible que, lorsque le maître avait la moindre distraction, il était pris de convulsions violentes. Si quelqu'un des assistants passait, par inadvertance, près de lui, magnétisé, des spasmes arrivaient incontinent, puis une sorte de catalepsie s'établissait dans les membres, et il fallait beaucoup de soins pour détruire ces effets.

Une fois que le calme fut bien établi chez le somnambule, on chercha à éprouver sa lucidité, et à provoquer divers phénomènes. Il sembla, alors, que l'on n'avait qu'à souhaiter les effets les plus surprenants, pour que les facultés nouvelles du crisiaque se développassent soudainement au plus haut point, et, chose rare, il offrit, dès cette première séance, ce que l'on ne rencontre d'ordinaire que chez les sujets anciens.

Je vais rapporter seulement quelques-unes des plus intéressantes séances données soit à Niort, soit à Angoulême, soit dans les autres villes où j'ai séjourné avec ce jeune homme.

I.

Calixte ayant été magnétisé, une carte lui fut appliquée sur la cavité du cœur, et il nomma, sans hésiter, l'as de trèfle. On lui tamponna les yeux que l'on recouvrit d'un épais bandeau, et il fit, avec des cartes neuves, contre les plus sceptiques, plusieurs parties d'*écarté*, sans commettre la moindre erreur. Si son adversaire annonçait, en jouant, une carte autre que celle qu'il lançait, le somnambule était contrarié, se plaignait de la mauvaise foi, et ajoutait ordinairement : Pourquoi voulez-vous me tromper ? j'y vois mieux que vous ; et, pour preuve, il vous reste en main, telle, telle et telle cartes.

Un des joueurs, défiant à l'extrême, ayant soulevé le bandeau du magnétisé pour se convaincre qu'aucun rayon lumineux ne pût arriver à l'organe de la vue, reçut de la part du somnambule une violente apostrophe en termes fort peu ménagés, et dut à l'expérience suivante sa conversion au Magnétisme.

Vous croyez donc que j'y puis voir par les yeux ? lui dit le somnambule ; vous êtes donc, vous, assez aveugle pour ne pas comprendre que mes paupières étant comprimées par des tampons et un bandeau qui me gênent horriblement, il m'est impossible de rien apercevoir par mon sens ordinaire ? Eh bien ! passez dans la pièce voisine, collez contre la muraille, avec un pain à cacheter blanc, une carte de votre choix, et vous saurez bientôt si je la reconnaîtrai ou non. Cela fut fait, et Calixte nomma, sans long-temps chercher, le *roi de carreau* ; ce qui était exact.

On alla chercher douze morceaux de rubans de diverses couleurs ou nuances, on les remit au sujet, qui les distingua de la manière la plus précise.

Une montre à savonnette, dont on avait préalablement dérangé les aiguilles, lui fut appliquée sur la cavité du cœur, et il indiqua justement l'heure que marquait cette montre.

II.

Un personnage de distinction fut mis en rapport avec Calixte, magnétisé; il y eut entr'eux ce singulier dialogue provoqué par M. *** :

— Pourquoi mon épouse ne peut-elle devenir mère ?

— Par la même raison que vous ne pouvez devenir père.

— Croyez-vous donc que si nous sommes privés d'enfants, c'est qu'il y a incapacité de part et d'autre ?

— Je n'ai pas dit cela; j'ai dit qu'il y avait une cause opposante; mais je n'ai pas prétendu que vous fussiez essentiellement incapable.

— Que voulez-vous donc dire ? je ne vous comprends pas bien ?

— Je veux dire que vous et madame votre épouse vous vivez trop mollement l'un et l'autre, et que si vous meniez une vie moins en rapport avec votre fortune, vous ne seriez pas privés d'enfants.

— Pensez-vous que nous pourrions encore en espérer ?

— Sans doute ; pourquoi pas ? si vous voulez faire ce que je vais vous indiquer, je vous promets un beau garçon avant un an.

— Eh bien ! nous suivrons vos indications ; je vous le promets ; parlez.

— Alors, voici ce qu'il vous faut faire :

Pendant un mois, une promenade à pied, d'une lieue environ, chaque matin ; prendre une nourriture grossière comme celle de vos fermiers ; boire comme eux de la piquette au lieu de vos vins délicats ; chaque soir, une promenade d'une demi-lieue au moins ; point de bals, point de spectacles, point de dîners excellents ; coucher sur un lit composé simplement d'une paillasse et d'un matelas, et dépourvu de rideaux ; vous couvrir tout juste assez pour n'avoir pas froid ; enfin, vous faire magnétiser tous les deux ensemble, trois fois, à neuf jours d'intervalle, une heure avant de vous coucher. Voilà tout.

Dix mois environ après cette séance, la chronique annonçait comme un événement remarquable la naissance d'un enfant du sexe masculin, que venait de mettre au jour Madame ***.

III.

Calixte, mis dans l'état extatique, se fait de vives et graves réprimandes sur la légèreté de sa conduite habituelle. Il se parle comme s'il s'adressait à un autre, et discourt avec un ton, une facilité dignes d'un moraliste de la Sorbonne.

Ramené au simple somnambulisme, Calixte obéit aux ordres que lui donne mentalement son magnétiseur. Celui-ci, entre autres choses bien convaincantes, lui commande, tacitement, d'après l'invitation que lui en fait un tiers, d'aller prendre sur une table un verre plein d'eau, qui s'y trouve, et de le porter sur un briquet phosphorique, en forme d'étui, qu'on a déposé, ainsi que plusieurs autres objets, sur la cheminée. Alors, marchant au pas de course, le magnétisé va prendre le verre, le porte et le pose vivement sur le briquet, où il reste collé, au grand étonnement des témoins qui, ayant voulu, après, faire la même chose, ne purent jamais trouver l'équilibre parfait.

M. S..., avocat, voulut ensuite être mis en rapport avec le somnambule, et lui faire explorer sa maison :

— Voulez-vous voir ma maison, et me dire comment est disposé le rez-de-chaussée?

— Je le veux bien. J'y suis. J'entre par une porte à deux battants dans un large corridor: je vois deux portes à droite, deux portes à gauche, un grand escalier, au fond, un peu à gauche, et près de l'escalier, à droite, une petite porte qui donne sur la cour.

— Eh bien! montez au premier étage, et entrez dans la première chambre à gauche.

— J'y suis. C'est votre cabinet. J'y vois partout des livres et des papiers. — Je vais faire le tour de cette pièce, en partant par la droite, et vous indiquer ce qu'il y a. Allons, suivez-moi. Ici, près de la porte, votre bibliothèque, qui tient tout ce côté; là, quatre chaises; là, la cheminée, sur laquelle se trouve une pendule en bronze; il y a aussi deux flambeaux, un livre ouvert, quelques papiers: plus loin, une table à écrire; là, en face de la bibliothèque, deux fenêtres; il n'y a rien qu'un fauteuil entre les deux. Les garnitures des fenêtres sont en soie bleue, et les rideaux en blanc avec des broderies; là, en face de la cheminée, quatre fauteuils. Au milieu de la chambre, une grande table en forme de bureau, garnie d'un tapis en drap vert orné de franges jaunes; il n'y a dessus que

5

des papiers, une écritoire et... et une boîte dont le dessus est peint et représente un paysage.

— Tout ce que vous venez de dire est parfaitement exact, excepté un point ; c'est le dernier que vous avez annoncé. Il n'y a pas de boîte sur ma table de travail.

— Il n'y a pas de boîte, dites-vous ? vous vous trompez ; je suis certain que la boîte est là ; je la vois bien encore. Tenez, regardez donc, à la place où vous écrivez, là. Vous ne la voyez pas? C'est étonnant, elle est pourtans assez grande.

— Je vous assure, mon ami, que c'est vous qui êtes dans l'erreur, et non pas moi ; mais en voilà bien assez ; d'ailleurs je suis content de vous, je vous remercie.

Le somnambule paraissait fort contrarié, relativement à la boîte ; et puis il était fatigué ; le magnétiseur l'éveilla et l'envoya respirer en plein air.

Alors plusieurs personnes demandèrent encore à M. S... s'il était bien assuré qu'il n'y eût pas de boîte sur sa table ; il affirma de nouveau qu'il n'y avait rien de pareil, et ajouta : — J'ai bien une boîte conforme à la description qu'a donnée le somnambule de celle qu'il a prétendu voir ; mais elle est dans

un meuble de ma chambre à coucher, d'où
elle ne sort jamais. Cet aveu que fit M. S...
de la propriété d'une boîte à-peu-près semblable à celle indiquée par Calixte, engagea
le magnétiseur à prier M. S... de s'assurer,
en rentrant chez lui, du fait en question.
M. S... proposa alors à plusieurs personnes
et au magnétiseur lui-même de l'accompagner chez lui, afin de vérifier l'erreur qu'a-
vait commise, selon lui, le somnambule. La
proposition fut acceptée, et en entrant dans
le cabinet de M. S... chacun put reconnaître
que la lucidité de Calixte n'avait point été
en défaut, mais que la mémoire de M. S...
lui avait été infidèle; car la boîte était bien là,
à la même place indiquée par le magnétisé.
M. S...., tout stupéfait, se rappela que le
matin il avait eu besoin d'ouvrir cette boîte,
et que, distrait ou préoccupé, il l'avait ap-
portée et laissée à cette place.

IV.

Calixte, en état de somnambulisme magnétique, est mis en rapport avec M. le docteur
Assegond, de Niort. Il indique à cet habile
médecin les différentes affections de trois malades proposés immédiatement à son examen,

et prescrit des moyens de traitement que le docteur reconnaît devoir être convenables.

Le magnétiseur donna à tenir au sujet le bout d'un fil, qu'il déroula jusqu'à l'extrémité d'un long corridor ; et, après avoir fait écrire, par une personne encore incrédule, plusieurs questions à faire, il les adressa d'une distance d'environ vingt pas au somnambule qui y répondit parfaitement. Cependant deux observateurs, placés tout près du magnétiseur, ne purent distinguer aucune parole.

V.

Calixte était magnétisé, lorsque M. le docteur Clauzure, d'Angoulême, demanda à être mis en rapport avec lui. Cela fait, le docteur pria le somnambule de lui dire comment, lui, M. Clauzure, avait employé la matinée.

— Vous êtes sorti de chez vous à sept heures, lui dit Calixte, vous vous êtes rendu à la prison. Là, vous avez vu quatre hommes malades, deux fiévreux et deux galeux ; vous avez ordonné des médicaments aux premiers ; vous avez saigné les derniers. Vous vous êtes rendu près d'une vieille femme à qui vous n'avez prescrit qu'une tisanne ; cette femme

est usée, elle ne guérira jamais ; vous le pensez comme moi. Vous vous dirigez vers votre
maison, vous rencontrez un homme qui vous
conduit près d'un malade,... hors ville,...
vous entrez dans une chambre, qui n'est ni
parquetée, ni carrelée ;... vous allez au lit,
qui est près de la cheminée ;... vous regardez
un jeune homme de quinze à seize ans dont
le corps fait le cerceau en arrière ;... il souffre
bien ;... il ne peut plus respirer ;... il est
perdu, ce malheureux !... Mais, non, non,
vous le sauverez, voyez-vous, les nerfs se
calment, la rigidité du corps cesse peu à peu...
C'est cela, bien ;... continuez encore ; faites
retourner le malade, magnétisez fortement la
colonne vertébrale... Bien,... le jeune homme
est sauvé ! mais il faut y retourner ce soir et
continuer pendant deux jours de le magnétiser, matin et soir.

— Vous croyez donc que je guérirai ce malade ? reprit le docteur, étonné de la lucidité
du somnambule.

— Sans doute vous êtes venu ici tout exprès pour en parler à M. Ricard ; vous avez
été surpris des effets que vous avez produits ;
eh bien ! M. Ricard va vous dire comme moi
que ce jeune homme peut être guéri par le
Magnétisme.

— Connaissez-vous cette maladie ? pourriez-vous m'en dire le nom ?

— Je n'ai jamais vu personne dans l'état où
a été ce matin le jeune homme qui nous occupe ; vous savez que je n'ai jamais étudié la
médecine ;... mais vous... et M. Ricard, vous
me dites tous les deux que cela s'appelle....
té,... té,... ta,... téta... nos,... tétanos, tétanos, oui, c'est bien cela ; je me rappellerai
ce nom-là.

— Pensez-vous que je doive, indépendam-
ment du Magnétisme, faire quelqu'autre
chose ? des saignées, par exemple ?

— Cela ne nuirait point ; mais c'est inutile,
à présent ; car je vois que vous avez pratiqué
une petite opération pour délivrer le malade
d'un corps étranger qui avait piqué un nerf.
Magnétisez-le seulement ; et vous réussirez.

— Je suis bien fatigué. C'est assez, assez,
Monsieur Ricard, éveillez-moi.

VI.

Le somnambule Calixte, dans l'état magnétique complet, est mis en rapport avec M. le
docteur Cowsewietz, qui lui présente une
mèche de cheveux :

— Voulez-vous voir la personne qui m'a
remis ces cheveux ?

— C'est une dame,.... elle a environ vingt-
huit ans,... je ne la connais pas ;... elle est
bien malade, cette pauvre dame !... Qu'est-
ce qu'elle a donc ! Ah ! mon Dieu ! elle est atteinte d'une maladie secrète ;... je ne peux
pas voir cela ; tenez, reprenez ces cheveux,...
cela me fait mal...

— Je vous prie de vous assurer si cela est
bien la maladie que vous indiquez. Cette dame
est vertueuse, et n'a pu s'exposer...

— Allons, puisque vous le voulez !....
voyons !... Ah ! la pauvre dame ! je vois à présent ; c'est... c'est son mari qui lui a commu-
niqué cela, et il y a déjà bien long-temps,
car elle est veuve depuis près de cinq ans.
Tenez, docteur, priez cette malade de se
laisser examiner par vous, et vous verrez
bien, comme je le vois actuellement, que
c'est ce que je vous dis, vous aurez bien de
la peine à la décider à cela ; cependant, il le
faut, c'est indispensable, si vous. voulez la
guérir.

Le lendemain, le docteur Cowsewietz fut
convaincu que le somnambule avait dit vrai.

VII.

M. le docteur Clauzure, désirant vérifier ce
qu'il y avait de vrai dans la vision somnam-

bulique à distance, et à travers les corps opaques, demande à M. Ricard de le mettre en rapport avec Calixte, magnétisé ; cela fait, voulez-vous, dit-il au somnambule, m'accompagner chez moi ?

— Je le veux bien, par où passons-nous ?

— Par la place du Palais ; nous allons jusqu'à l'église Saint-Pierre : y êtes-vous ?

— J'y suis, je vois votre maison. Il y a une grille en fer qui sépare la rue de votre jardin, où il faut passer pour entrer dans la maison.

— C'est bien. Allez à l'entrée de la maison.

— J'y suis. J'entre dans une espèce de vestibule. A ma droite se trouve l'escalier ; à gauche, une porte.

— C'est cela. Ouvrez cette porte et entrez. Quelle est la destination de cette pièce ?

— C'est un salon de compagnie. Je ne vois que des chaises, des fauteuils, des bergères, une table chargée de porcelaines et un meuble que je ne connais pas.

—Examinez ce meuble. Qu'est-ce que c'est ?

— Attendez, j'y suis... C'est un piano.

— Très-bien. Voyez-vous une cheminée dans ce salon ?

— Oui, elle est là, à droite de la porte, en entrant.

— Que voyez-vous sur cette cheminée ?

— Deux flambeaux ; deux vases garnis de fleurs naturelles, et puis quelques autres petits objets.

— Ne voyez-vous pas une pendule sur la cheminée ?

— Non, non, il n'y en a pas ; mais à la place que devrait occuper la pendule, il y a une carafe.

— Est-elle vide cette carafe ?

— Non, il y a quelque chose dedans ; mais je ne distingue pas bien ce que c'est.

— Allons, tâchez de le voir, dites-le nous.

— Je ne sais,... cela me fatigue... c'est... c'est... Cela représente le tombeau de Napoléon.

— C'est exact, je vous remercie ; en voilà assez.

VIII.

Calixte, en état de somnambulisme, est mis en rapport avec M. le docteur Roussel, de Vars, près Angoulême.

— Voulez-vous, dit le docteur au magnétisé, vous transporter chez moi ?

— Je le veux bien. Quel chemin faut-il prendre ?

— Allons au faubourg Saint-Cibard. Voyez-vous un pont ?

— Oui, j'y suis.

— Arrivons à l'extrémité du faubourg. Y êtes-vous ?

— M'y voilà.

— Prenez la route la plus large, et allez toujours sans vous détourner jusqu'à ce que vous rencontriez un autre pont. Y êtes vous ?

— J'y suis... Ah! c'est là votre pays. Je vois votre maison à présent; faut-il y entrer ?

— Oui, entrez et allez au salon. Y êtes-vous ?

— J'y suis. Il y a deux dames : l'une d'une quarantaine d'années, l'autre de seize à dix-huit ans tout au plus. Voulez-vous que je leur parle ?

— Oui, demandez à la plus jeune de ces dames si elle est bien portante.

— Elle me dit qu'elle est malade. Vous le savez bien aussi, vous, puisque vous la traitez... Mais, attendez donc... c'est votre demoiselle, cette personne.

— C'est vrai. Pouvez-vous savoir quelle est sa maladie ?

— Si elle veut me le dire, certainement. Elle me dit que c'est... je ne comprends pas cela... que c'est... son âge qui la rend malade... je n'y comprends rien...

— C'est bien. Je sais ce que cela veut dire. Pensez-vous que je puisse la guérir aisément, sans trop la fatiguer par des remèdes ?

— Oui, vous le pouvez bien. Il faut pour cela la magnétiser tous les jours pendant... Mais elle vous dira elle-même le temps ; elle entrera en somnambulisme dès la première séance, j'en suis certain.

— Je vous remercie. C'est tout ce que j'avais à vous demander.

Quelques jours après, M. Roussel nous dit que dès le soir de son arrivée chez lui il avait magnétisé sa fille ; qu'elle avait été endormie en quatre minutes, et en somnambulisme presqu'aussitôt ; il ajouta que son état s'était déjà bien amélioré et que la guérison paraissait devoir être prochaine. Plus tard, il nous manda que la santé de la jeune personne était parfaitement rétablie, bien qu'il n'eût employé autre chose que le Magnétisme et l'eau magnétisée.

IX.

Madame Lacroix, sage-femme et professeur d'accouchement à la Pointe-à-Pître, se trouvant récemment à Toulouse, demande à

être mise en rapport avec Calixte, magnétisé.

— Voulez-vous, dit cette dame au sujet,
que nous fassions ensemble un long voyage ?

— Je le veux bien ; où allons-nous ?

— A Bordeaux d'abord. Là, nous embar-
querons et nous traverserons l'Océan, pour
arriver à la Pointe-à-Pître. Y êtes-vous ?

— Non, pas encore.... c'est bien loin...
nous approchons, car j'aperçois beaucoup de
bâtiments ensemble... voilà... voilà la terre...
nous sommes arrivés.

— Eh bien ! entrons dans la ville. Suivons
cette grande rue et allons ensemble au cimetière... (Mouvement pénible du somnambule.)
Y êtes-vous ?

— Oui, j'y suis... Ah !... j'y suis.

— Comment est faite la porte ?

— C'est une grille... une grille en bois.

— Entrez et suivez le chemin qui est devant vous. Que voyez-vous ?

— Je vois une maison, là-bas au bout.

— Vous vous trompez, il n'y a pas de maison.

— Je vois une maison, pourtant.

— Non, vous dis-je, c'est une église.

— C'est possible, mais à voir l'extérieur de
ce côté on croirait une maison.

— C'est vrai, cela ressemble à une maison.
Revenez au milieu du cimetière, je vous prie,
et dites-moi ce que vous remarquez.

— Je vois un arbre.

— Un petit arbre, n'est-ce pas ?

— Au contraire, c'est un arbre très-grand.

— C'est bien. Regardez à votre gauche, et
voyez la troisième tombe. Là, y êtes-vous ?

— Je vois bien... c'est une tombe.

— Est-ce bien celle que je veux que vous
voyiez ?

— Oui... c'est bien la même.

— Alors dites-moi, je vous prie, quelle
est la couleur du marbre qui la couvre ?

— Vous voulez me tromper, il n'y a pas de
marbre... Monsieur Ricard, dégagez-moi.

Madame Lacroix nous dit que cela était
exact.

Cette séance a eu lieu chez M. Toussaint,
chef d'institution, rue du Taur, en présence
de MM. Fournier, Toussaint, Romestens, et
de plusieurs autres personnes.

Le journal la *France Méridionale*, dans
son numéro du 1er. Novembre 1839, rend
compte d'une séance concernant Calixte,
ainsi qu'il suit :

« Nous avons assisté, mardi dernier, à une

séance d'expériences magnétiques, dont les résultats ont entièrement dissipé ce qu'il nous restait encore de doute dans l'esprit sur le fait tant contesté de *vision* sans le secours des yeux.

» M. Ricard, qui s'efforce constamment de faire des prosélytes au Magnétisme, soit en soumettant à l'examen des personnes compétentes les phénomènes surprenants du somnambulisme et de l'extase, soit en guérissant des malades réputés incurables, a donné, dans la séance dont nous parlons, les preuves les plus évidentes de sa prodigieuse puissance morale et de l'admirable lucidité de son somnambule Calixte. Ce dernier, dont nous ne citerons aujourd'hui qu'un trait, après avoir été soumis à la magnétisation du professeur, a joué aux cartes une partie de piquet et une partie d'écarté, avec une précision et une rapidité effrayantes. Cependant, il avait les yeux parfaitement clos, recouverts par des tampons et un épais bandeau ; et les cartes avaient été apportées par un médecin encore peu croyant, et vérifiées par plusieurs personnes, notamment par un physicien qui se pique de connaître toutes les fraudes possibles en physique amusante.

» Au surplus, chacun peut voir, comme

nous l'avons vu, ce phénomène extraordinaire, et se convaincre par soi-même de la
vérité que nous avançons. »

LETTRE

EXTRAITE DE LA GAZETTE DES HOPITAUX.

A M. Bazile, à Courquetaine.

« Paris, 8 Juin 1840.

» Mon bon ami, dans ma dernière lettre,
je vous ai dit que M. Ricard m'avait promis
d'amener prochainement chez moi Calixte,
son meilleur somnambule, de l'endormir devant les personnes que j'inviterais, et lorsqu'il serait dans le sommeil magnétique, de
le faire jouer aux cartes les yeux bandés ;
puis, s'il était bien disposé, de lui faire exécuter d'autres expériences tout aussi incom-
préhensibles, tout aussi merveilleuses.

» Hier donc, la séance promise par M. Ricard a eu lieu en présence de soixante personnes, dont toutes, excepté le docteur

Teste, étaient incrédules. Je vais vous raconter les faits qui se sont passés dans cette
séance, et les discuter.

» Calixte une fois endormi, ou paraissant
l'être, car je ne connais aucun signe irréfra-
gable du sommeil, deux étrangers mettent
sur chacun de ses yeux une poignée de coton, et par-dessus un grand foulard dont les
extrémités sont ramenées vers le nez où on
les noue. Ensuite, on vérifie que le bandeau
est bien serré, bien mis, et qu'à son bord inférieur, précaution capitale, le coton forme
un gros bourrelet qui sert d'obstacle infran-
chissable aux rayons lumineux. Aussitôt huit
jeux d'écarté encore intacts sont offerts, on
en prend un au hasard, on déchire son enveloppe et l'on commence. M. Ricard ne touche pas son somnambule, ne lui parle pas, et
se trouve dans l'impossibilité d'apercevoir le
jeu de la personne qui va faire la partie. Les
choses ainsi disposées, tout se passe comme
entre deux joueurs habiles et parfaitement
éveillés : ainsi le somnambule nomme les
cartes qu'il tient et celles que joue son adversaire ; de plus, lorsqu'il doit battre les
cartes, il retourne celles qui sont à l'envers,
enfin il indique assez fréquemment, du moins
on croit le remarquer, des cartes que son ad-

versaire n'a point encore jetées sur la table.

» Tel est le fait. Il s'est renouvelé avec trois personnes dont chacune a joué deux parties, de sorte qu'une centaine de cartes ont passé devant Calixte, qui les a souvent nommées et toujours vues, puisqu'il jouait toujours ce qu'il fallait jouer.

» J'arrive à une autre série d'expériences, celle de l'obéissance à l'ordre mental. Comme il y a soixante personnes à convaincre, ou au moins à ébranler, j'ai préparé une centaine de petits cartons sur chacun desquels est écrit un ordre analogue aux suivants : Tourner la tête..... à droite, à gauche; la baisser, la renverser. Lever la jambe..... droite, gauche,.... une, deux, trois ou quatre fois. Marcher... de un à dix pas,... en avant, en arrière, obliquement. Se mettre sur le genou... droit, gauche ; sur un pied. Poser telle main à terre,... tel doigt. Mettre la main sur telle partie du magnétiseur,... sur la tête, la poitrine, le dos, etc. Aller prendre sur tel meuble le chapeau, les gants ou la montre du magnétiseur. Faire le tour d'une chaise, monter dessus, en descendre, s'en laisser tomber. Se pencher en avant, en arrière, sur tel côté. Se réveiller de loin sans que le ma- gnétiseur fasse aucun mouvement ;... se rendormir de la même manière. Parmi quinze pièces de cuivre, d'argent ou d'or, distinguer celle qui a été magnétisée, etc. etc. Bref, sur ces cent cartons, il y a peut-être plus de quatre cents mouvements indiqués.

» Voici maintenant ce qui a lieu :

» Messieurs, dit **M. Ricard**, nous allons essayer de faire exécuter à Calixte, sans aucune apparence de communication, les mouvements que vous me signalerez ; dès que la carte sur laquelle les mouvements à exécuter m'aura été remise, je ne lui parlerai plus et ne bougerai plus. — « Calixte, dit-il en se plaçant devant son somnambule qui est assis, je vais t'ordonner quelque chose, écoute-moi bien, et fais ce que je t'ordonnerai. » En ce moment, M. L... prend un des cartons et le remet à **M. Ricard**, qui, après l'avoir lu, abaisse les bras, regarde Calixte et reste immobile. Au bout de quelques minutes d'attente, « *Je ne sais que faire*, » dit le somnambule, et la première expérience est manquée. Une seconde, une troisième manquent également.

» — Messieurs, dis-je alors, les faits négatifs, quelque nombreux qu'ils soient, ne peuvent infirmer les faits positifs ; ainsi, toutes les expériences que **M. Ricard** va tenter

échoueraient-elles, la vision, malgré l'occlusion des yeux au moyen d'un épais bandeau,
ne vous en resterait pas moins prouvée. Du
reste, nous sommes peut-être trop nombreux,
et je ne serais pas surpris que la clairvoyance
du somnambule fut épuisée pour aujourd'hui ;
cependant nous allons continuer. En conséquence, une quatrième expérience, puis une
cinquième sont tentées ; elles réussissent,
mais seulement en partie, car on est obligé
d'aider un peu le somnambule. On arrive à
une sixième que je vais tâcher de décrire,
parce que son succès a été complet ; la voici :

» Calixte, les yeux bandés, s'asseoit la face
tournée contre la muraille ; à dix pas derrière
lui sont M. Ricard et M. Teste, et à vingt se
trouve un orgue de Barbarie. On se tait, le
bruit de l'orgue commence, et en même temps
Calixte bat la mesure ; mais au bout de quelques minutes, immédiatement après un signe
de la main que M. Teste fait à M. Ricard, le
somnambule cesse de marquer la mesure,
quoique le magnétiseur ne dise rien et que le
bruit de l'orgue continue.

» Telle est la sixième expérience. Enfin,
je vais vous raconter la dernière, qui, elle
aussi, a été couronnée d'un plein succès.

» Aussitôt que l'attention du somnambule

est, pour ainsi dire, assujétie par le magnétiseur, M. L..... remet à celui-ci l'une des cent
petites cartes dont j'ai parlé ; alors Calixte,
toujours les yeux bandés, se lève, avance de
quelques pas vers son magnétiseur, s'arrête un
instant, repart, s'arrête de nouveau, monte
sur une chaise, y piétine un peu, met dé-
finitivement les talons sur l'un des coins,
applique ses bras le long du corps, se roi-
dit de partout, s'incline en arrière, et tombe
tout d'une pièce dans les bras de M. Ricard
qui était venu se placer à temps derrière lui.

» On nous livre le carton, il contient la
phrase suivante : « Faire monter le somnambule sur une chaise, puis le faire tomber dans
les bras de son magnétiseur, en arrière. »

» Voilà, mon ami, notre séance ; la plus
belle et la plus complète peut-être qui jamais
ait eu lieu à Paris. J'en ai remercié M. Ricard, comme d'un service qu'il m'a rendu.
Que pourrais-je sans des faits de cette sorte ?
et le temps me manque pour en produire !

» Actuellement je vais peser la valeur des
expériences que je viens de décrire ; je les
désignerai par : *celle des cartes, celle de la
musique, celle de la chaise.*

» Et d'abord posons des principes : Quand
on observe *de visu*, pour la première fois, un

fait nié par tous, et inaccessible à l'intelligence de tous, il faut se dire :

» Ce fait qui me paraît incontestable, est le
résultat, ou d'une jonglerie que je n'aperçois
pas, ou d'un hasard que je ne comprends pas,
ou d'une faculté que je ne connais pas. Puis,
il faut examiner le fait sous ces trois points de
vue successifs, et n'arriver au dernier que par
l'exclusion des deux autres. Faisons passer
nos expériences par cette filière.

» *Première expérience*, celle des cartes :

» 1°. Cette expérience est-elle le résultat
d'une jonglerie ?

» En toute chose, on est rarement certain
archi-certain, de n'avoir pas été choisi pour
dupe. Cependant lorsque le fait est facile à
vérifier, comme le nôtre, et qu'en outre on a
pris toutes les précautions qu'inspire la méfiance la plus expérimentée, on peut croire
s'être mis à l'abri de la fraude.

» Or, sommes-nous toujours restés sur nos
gardes et avons-nous tout scruté, tout palpé,
tout analysé ? Ainsi, par exemple, le bandeau avait-il quelque fissure imperceptible ?
Non, car il était composé de deux poignées
de coton cardé et d'un foulard que des incrédules fort experts ont appliqué.

» Le bandeau était-il appliqué de telle

sorte que le somnambule pût voir par-dessous? Non, car outre le coton placé sur les yeux avec le foulard, on en avait introduit par en bas sous le bandeau, de manière que le coton formait un bourrelet.

» Les cartes étaient-elles préparées? Non, car toutes les enveloppes des jeux offraient encore le cachet de la régie.

» Le somnambule ne reconnaissait-il pas les cartes en les touchant? Non, car il nommait celles de son adversaire sans les toucher.

» Le magnétiseur n'avait-il pas un moyen de communication avec son somnambule pour lui donner connaissance des cartes? Non, car le magnétiseur ne parlait pas, ne bougeait pas, ne touchait pas Calixte, et ne regardait pas les cartes.

» Enfin quelqu'un ne pouvait-il pas, par quoi que ce soit, indiquer à Calixte son propre jeu et celui de son adversaire? Non, car chacun restait silencieux dans une attente qui n'était pas sans inquiétude, mais à laquelle succédait bientôt l'étonnement et l'admiration.

» Donc, soit du côté du bandeau, soit du côté des cartes, soit du côté du somnambule, soit du côté du magnétiseur, soit du côté des assistants, soit du côté de l'adversaire lui-même, nous sommes aussi certains qu'on peut l'être de ne pas avoir été trompés.

» 2°. Cette expérience est-elle le résultat du hasard ?

» Pour résoudre cette question, il faut auparavant rechercher quelles conditions un fait doit remplir afin que l'intelligence ne puisse l'attribuer au hasard.

» Un fait doit ou peut être attribué au hasard quand il y a égalité entre les chances de son affirmation et de sa négation, comme entre pair et impair. Mais à mesure que cette égalité diminue, c'est-à-dire à mesure que l'affirmation se répète sans interruption, la part de ce qu'on nomme le hasard diminue également; et, à la fin, il arrive une borne à laquelle l'esprit s'arrête pour dire : non, le hasard ne va pas jusque-là.

» Ceci posé, je puis dire : parmi les faits de la nature de ceux qui nous occupent, il y a tel fait qui ne prouve rien, et qui partant *est probablement* l'effet du hasard, parce que les chances de son affirmation et de sa négation sont égales. Il y a tel fait qui prouve beaucoup, et qui partant *n'est probablement pas* l'effet du hasard, parce que les chances de son affirmation et de sa négation sont très-inégales. Enfin, il y a tel fait qui prouve inliniment, et qui partant *n'est certainement pas* l'effet du hasard, parce que les chances de son affirmation et de sa négation sont immensément inégales.

» Je vais développer ma pensée par trois suppositions.

» *Première espèce de faits.* — Si, par exemple, un somnambule prétendait pouvoir deviner le sexe d'un enfant contenu encore dans le sein de sa mère, pour croire que ce fait n'est pas le résultat du hasard, je voudrais le constater trente fois de suite; car il n'y a ici, pour chaque expérience prise isolément, qu'un contre un à parier que le somnambule se trompera; mais sur deux expériences, il y a trois contre un; sur trois, sept; sur quatre, quinze, ainsi de suite; de telle sorte que sur trente expériences, il y a 1 billion 73 millions 741,823 à parier contre 1 que le somnambule se trompera au moins une fois; 1 billion 73 millions 741,794 à parier contre 30 qu'il se trompera au moins deux fois; 1 billion 73 millions 741,389 à parier contre 435 qu'il se trompera au moins trois fois. Enfin, et pour ne pas aller plus avant, 1 billion 73 millions 737,764 à parier contre 4,060 qu'il se trompera au moins quatre fois.

» *Seconde espèce de faits.* — Si, par

exemple, un somnambule prétendait pouvoir lire par la nuque, et dans chaque séance une seule lettre de l'alphabet, pour me convaincre j'exigerais plusieurs séances, mais moins de trente; car, si pour chaque expérience prise isolément il n'y a que 24 à parier contre 1 que le somnambule se trompera, sur deux expériences il y a 624; sur trois, 15,624, et sur sept, 4 billions 540 millions 115,624 à parier contre 1 que le somnambule se trompera au moins une fois.

» *Troisième espèce de faits.* — Enfin, si un somnambule prétendait pouvoir lire par la nuque, et dans chaque séance un seul mot, pour me convaincre, je ne demanderais que deux ou trois séances (ou deux ou trois mots dans une séance), car il y a ici pour chaque expérience prise isolément au moins 40,000 à parier contre 1 que le somnambule se trompera; sur deux expériences, 1 billion 600 millions, et sur trois, 64 trillions! ce qui rend aux yeux du sens commun son rôle de devinateur absolument impossible; ou il faudrait admettre qu'en jetant à la fois et pêle-mêle du haut des tours Notre-Dame toute l'imprimerie de Didot, il faudrait admettre qu'il fut possible qu'une fois arrivés en bas, les caractères de cette imprimerie composas-

5**

sent à volonté l'Iliade, l'Énéide ou la Bible.

» Après cette courte dissertation, si quelque stupide esprit-fort vient de rechef me demander : l'expérience des cartes n'est-elle pas le résultat du hasard ? Je lui répondrai : non, et je motiverai ma réponse en disant : c'est non, parce que, si à la première carte qu'on lui a présentée, le somnambule n'avait que trente et une chances contre lui sur trente-deux, dès la quatrième il en avait des millions, à la dixième il trouvait l'impossible, et plus loin l'infini. Or, il a été jusqu'à cent, et plus peut-être ! sans se tromper une fois. Jugez, Monsieur, inclinez-vous et soumettez-vous. Le hasard n'est ici pour rien... la Providence a passé par là.

» 3°. Cette expérience est-elle le résultat d'une faculté ?

» Fidèle à la méthode d'exclusion que je me suis imposée en commençant, je répondrai : oui, et je motiverai ma réponse en disant : c'est oui, parce qu'ainsi que je l'ai démontré, ce fait n'est le résultat ni d'une jonglerie ni du hasard, et que, puisqu'il est indubitable, il est nécessairement le résultat d'une faculté que nous constatons sans la comprendre; en d'autres termes, d'une propriété inhérente à l'individu sur lequel le fait a été observé. C'est tout.

» Assurément, je pourrais en dire bien d'autres à cette occasion ; mais ce serait mettre le pied sur un terrain vague et courir le risque de parler jusqu'à extinction, sans m'entendre ni me faire entendre. Or, passez-moi le mot, je n'aime point *Patauger*.

» *Deuxième expérience*, celle de la musique. — Cette expérience est d'une nature autre que la précédente. Celle dont je viens de parler prouve la vision malgré l'occlusion mécanique des yeux, celle dont je vais parler prouve la transmission de la volonté sans aucun signe appliquable à l'observateur le plus attentif.

» Arrivés où nous sommes, je devrais également examiner si cette expérience est le résultat d'une jonglerie, d'un hasard ou d'une faculté ; par conséquent, je devrais reproduire tous les raisonnements énoncés ci-dessus. Mais ici ces trois questions me paraissent insolubles par les motifs que je vais déduire.

» Sous le rapport de la fraude ? A la rigueur, l'argutie ne peut-elle pas prétendre que M. Teste, qui a fait le signe d'arrêt à M. Ricard, s'entendait avec celui-ci sur le nombre des mesures à battre, et qu'à son tour, M. Ricard s'entendait avec son somnambule ? Certainement tout cela serait d'une conception bien ignoble et d'une exécution bien difficile; mais il suffit que cela soit possible pour que je n'insiste pas sur la valeur de ce fait. L'expérience serait au contraire devenue beaucoup plus concluante si le hasard eût été choisi pour indiquer non-seulement la personne qui, sur soixante, devait faire au magnétiseur le signe d'arrêter le somnambule marquant le rhythme, mais encore si le hasard eût aussi indiqué l'air à jouer et le nombre de mesures à battre.

» Sous le rapport du hasard? L'expérience de la musique, en la supposant faite loyalement, comme d'ailleurs elle l'a été, et avec toutes les précautions que je sors d'exposer, serait encore loin d'offrir le même degré d'évidence que l'expérience des cartes, parce que l'orgue n'ayant joué, je suppose, que cinq cents mesures, il n'y avait que 499 à parier contre 1 que Calixte se tromperait.

» Or, quoique la différence entre 499 et 1 paraisse considérable, pour mon compte, lorsqu'il s'agit d'un fait à défendre contre les académies, je la veux plus considérable encore; trois 9 de plus à droite ou à gauche ne me suffiraient même pas. Mais, je l'ai dit, cette différence incommensurable s'obtient aisément par la répétition binaire ou ternaire du fait à constater. Pour rendre l'expérience de la musique absolument irrécusable, il aurait donc fallu la répéter au moins une fois.

» *Troisième expérience*, celle de la chaise.

» Cette expérience est de même nature que celle de la musique, et conduit à la même conclusion : la transmission de la volonté sans le secours de signes, et conséquemment par ce qu'on nomme la pensée.

» Tout ce que j'ai dit du fait de la musique est applicable au fait de la chaise, et sous le rapport de la fraude et sous celui du hasard. Ainsi, avais-je détruit toute possibilité de fraude? Non, et personne n'a le droit logique, notez-bien que je dis logique, d'affirmer que M. L..., choisissant et donnant les petits cartons, ne s'entendait point avec M. Ricard ; puis, en repoussant toute connivence, n'avais-je laissé aucune porte ouverte au hasard? Non, puisqu'une seule expérience de ce genre sur 400 a complétement réussi, et que, comme je l'ai démontré, la différence entre ces deux nombres est trop petite pour être concluante. Il fallait répéter.

» Voilà, mon ami, l'appréciation que j'ai cru devoir faire des phénomènes magnétiques que M. Ricard a produits chez moi, dimanche dernier, en présence de soixante person-

nes, qui toutes sont parties émerveillées...
sauf deux médecins qui n'ont rien trouvé à
répondre à cette interpellation que je leur
adressais en les quittant : — Eh bien, Messieurs, croyez-vous qu'avec de pareils faits
on puisse avancer ou qu'on doive reculer?
Quant au docteur Teste, le nouvel apostat!
dans son fervent prosélytisme, il me disait :
— Depuis cinquante ans les académies sont
liguées contre nous, à notre tour de nous li-
guer contre elles, et de crier : *Vive la ligue !*

» Du reste, mon ami, vous accuserez sans
doute mon appréciation d'être sévère aux dé-
pens du magnétisme ; mais au point de vue
du rationnel et du juste où je suis placé, je
ne pouvais en agir autrement, parce que la
logique est impitoyable, et que la justice veut
la sévérité pour soi et les siens comme pour
les autres.

» Adieu, mon ami.

FRAPART, D. M. P. »

EXTRAIT DU JOURNAL DU MAGNÉTISME.

Le somnambule Calixte, après avoir été
magnétisé en peu d'instants, se laisse mate-

lasser les yeux avec d'énormes tampons de coton en poil et un épais bandeau. Dans cet état, il fait une partie de piquet avec un incrédule avoué, qui a eu soin d'apporter les cartes ; non-seulement le somnambule accuse son jeu, et le manie avec une rapidité et une exactitude exquises, mais encore il signale les cartes que tient en main son adversaire et celles qui sont écartées par ce dernier.

« Une personne que son rang, sa fortune et son savoir mettent à l'abri de toute suspicion, propose à M. Ricard de faire explorer par le magnétisé un château situé à une vingtaine de lieues de Paris ; après quelques préliminaires utiles, le sujet donne la désignation exacte de plusieurs pièces, inventoriant à mesure les meubles qui les garnissent et indiquant leur position respective.

» Un Anglais de distinction conduit le somnambule dans une maison de Paris. Le sujet donne de ce nouveau lieu une description parfaite, et va jusqu'à dire : *dans telle chambre, je vois une dame malade qui est couchée.* — Ce qui est vrai. »

LECTURE MALGRÉ L'OCCLUSION DES YEUX.

—

Le 21 Juillet 1840, à huit heures du soir;
M. Ricard magnétise Calixte, dont il a appli=
qué la vision somnambulique à la lecture;
ғаiт que, pour la première fois, il essaie de
produire publiquement.

Dès que le sujet est magnétisé au degré
voulu, deux personnes lui mettent sur les
yeux des tampons de coton cardé, qu'elles
compriment par l'application d'un mouchoir
plié en bandeau; puis, pour surcroît de pré=
caution, elles bourrent encore du coton sous
le bord inférieur du bandeau, de manière
que, pour les plus exigeants, il demeure avéré
qu'aucun rayon lumineux ne peut arriver à
l'œil du patient.

Plusieurs personnes présentent successive=
ment à Calixte des livres, des journaux, des
imprimés de diverses sortes, que celui-ci lit
avec une rapidité extrême. Deux des plus
sceptiques écrivent chacune une phrase sur
leur calepin, et dès qu'un calepin est présenté
au somnambule, la phrase est lue rapidement
malgré la distance.

Enfin, il reste prouvé de la manière la plus

évidente que Calixte lit malgré l'occlusion la plus parfaite des yeux.

Les personnes qui assistent à cette séance sont reconnues capables d'observer ; voici les noms de quelques-unes : MM. le docteur FRAPART, le docteur GRABOWSKI, le docteur MÖLIN, le docteur BERNA, le docteur PIGEAIRE ; DUVERT, homme de lettres ; LAUZANNE, homme de lettres ; MIALLE, homme de lettres ; HAREL, économiste ; le chevalier BRICE, ingénieur-géographe ; VANSON, mathématicien ; SAUZET, ROUSSILLON, DEQUEN, JAVAL, BUSCH, FROMENT, BÉCHEREL, rentiers, etc.

UNE VISITE DU DOCTEUR ELLIOTSON.

—

Jeudi, 28 Octobre 1841, M. le docteur ELLIOTSON, célèbre magnétiste de Londres, est venu rendre visite à M. RICARD. Le docteur anglais, amené par M. le docteur FRAPART, était accompagné de deux autres messieurs ses confrères et ses compatriotes. Comme le désir de M. Elliotson était de voir par ses propres yeux ce que la renommée lui avait rapporté de Calixte, M. Ricard s'empressa de magnétiser ce somnambule extraordinaire pour répondre à l'attente de son illustre visiteur. Les deux autres médecins anglais n'avaient jamais assisté à aucune expérience de vision malgré l'occlusion des yeux.

M. Elliotson manifesta l'intention de bander lui-même les yeux du somnambule. M. Ricard lui laissa à cet égard pleine liberté. Par une heureuse rencontre, Calixte, mieux disposé que jamais, se mit de suite à lire couramment tout ce qui lui fut présenté, soit imprimé, soit manuscrit.

Le fait le plus remarquable qu'on eut lieu d'observer dans le cours de cette belle expérience fut celui-ci. On venait de placer devant le somnambule un volume du *Cours de Philosophie* de Descartes ; et à peine avait-il commencé la lecture des lignes *petit-texte*, sur lesquelles on avait appelé son attention, que ces messieurs interposèrent leurs mains entre les yeux de Calixte et le livre qu'il lisait ; or, malgré ce surcroît de difficulté, son étonnante faculté ne fut nullement abolie, et, à la grande surprise des nouveaux spectateurs, il continua sa lecture.

Toutefois, le somnambule déclara après l'expérience que cela l'avait beaucoup fatigué.

Le somnambule fut éveillé. Aussitôt M. Elliotson, en expérimentateur défiant, voulut
que l'appareil employé pour Calixte lui fût
appliqué à lui-même. M. Ricard prit donc
les mêmes tampons de coton, le même mouchoir, et appliqua le tout avec beaucoup
moins de soins que ces messieurs n'en avaient
pris à l'égard du somnambule. Une chose encore fort importante à noter, c'est que, durant l'application du bandeau, le magnéliste
anglais ne cessa de faire contracter tous les
muscles de son visage; il continua les mêmes
manœuvres tout le temps qu'il demeura les
yeux bandés, et néanmoins il déclara qu'il
lui était impossible de rien distinguer, pas
même la moindre lueur du jour. Bien plus, il
fit jouer son bandeau, il glissa ses doigts jusqu'aux yeux, entre le coton et les ailes du nez;
même obscurité profonde.....

FIN

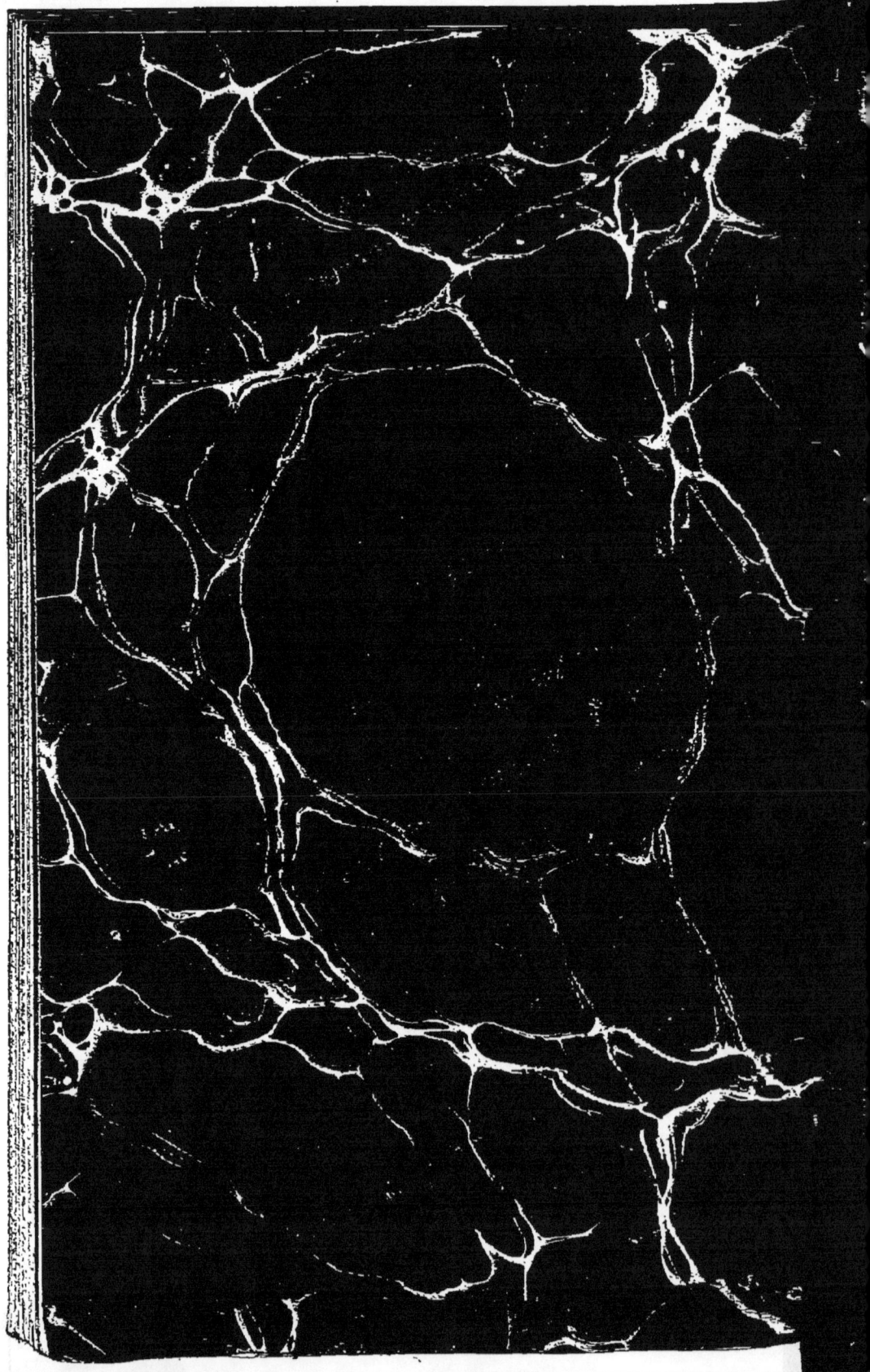

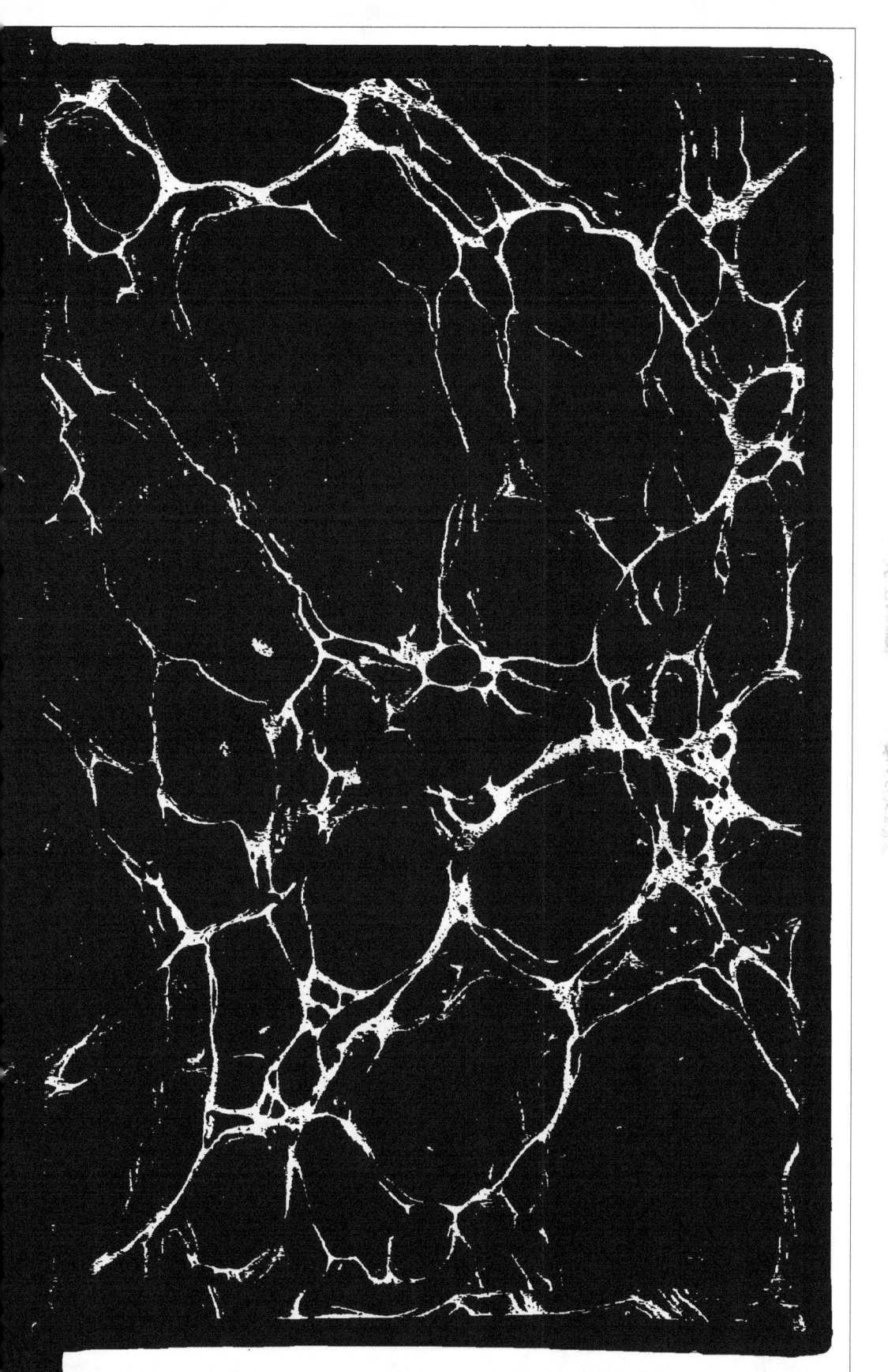